数控机床基础教程

主 编 秦 忠

副主编 万永丽 邹艳红 张建兵
　　　 陈 伟 陈家文 唐瑜谦

北京理工大学出版社

BEIJING INSTITUTE OF TECHNOLOGY PRESS

图书在版编目（CIP）数据

数控机床基础教程/秦忠主编 . —北京：北京理工大学出版社，2018.9
ISBN 978 - 7 - 5682 - 5273 - 7

Ⅰ.①数…　Ⅱ.①秦…　Ⅲ.①数控机床 - 车床 - 程序设计 - 高等学校 - 教材
Ⅳ.①TG519.1

中国版本图书馆 CIP 数据核字（2018）第 022154 号

出版发行／北京理工大学出版社有限责任公司
社　　　址／北京市海淀区中关村南大街 5 号
邮　　　编／100081
电　　　话／（010）68914775（总编室）
　　　　　　（010）82562903（教材售后服务热线）
　　　　　　（010）68948351（其他图书服务热线）
网　　　址／http：//www.bitpress.com.cn
经　　　销／全国各地新华书店
印　　　刷／三河市天利华印刷装订有限公司
开　　　本／787 毫米×1092 毫米　1/16
印　　　张／13
字　　　数／298 千字
版　　　次／2018 年 9 月第 1 版　2018 年 9 月第 1 次印刷
定　　　价／49.00 元

责任编辑／多海鹏
文案编辑／多海鹏
责任校对／周瑞红
责任印制／李　洋

前　言

机床及数控机床是装备制造中的重要设备，也称为工作母机。编者力求从机床、数控机床、加工中心的发展历程入手，让学生在有限的专业教学课时内，尽可能掌握数控机床的基本原理、基本功能及用途，为后续专业课（机械加工工艺基础、数控机床编程、数控机床加工等）的学习奠定基础。

本书第1、2章内容由秦忠编写；第6章内容以秦忠为主，陈伟、邹艳红、唐瑜谦参与编写；第3、7、8章以万永丽为主，秦忠、邹艳红、陈军参与编写；第4、5、9章以张建兵为主，陈家文、唐瑜谦、陈伟参与编写。其他同志参与了资料收集整理、图形绘制等工作。全书由秦忠统稿。

本书在编写过程中得到了云南省机械研究设计院及云南省机电一体化重点实验室的指导和支持，在教材征求意见及调研过程中得到了云南航天数控有限公司、云南宏焓机电设备有限公司、云南建投钢结构股份有限公司、云南白药集团股份有限公司、云南鑫圆锗业股份有限公司等企业领导及技术人员的大力支持，同时在编写过程中参考了许多专家、老师的著作，在此一并表示感谢。

本书涉及知识较广，编者水平有限，错误和不当之处在所难免，恳请专家、同行及广大读者批评指正。

编　者

Contents 目　录

目录

Contents

目 录　　　　*Contents*

目 录　　　*Contents*

Contents   目 录

第1章　机床基本知识

1.1　机床的定义

机床是指用切削加工的方法将原材料（毛坯）加工成具有一定几何形状、一定尺寸精度和一定表面质量的零件的机器，又称机床为加工母机。

金属切削机床是机床的重要类别，众多技术资料所描述的机床都是指金属切削机床。

金属切削机床是指用切削加工的方法将金属原材料（毛坯）加工成具有一定几何形状、一定尺寸精度和一定表面质量的零件的机器。

卧式加工中心的组成如图 1 - 1 所示。

图 1 - 1　卧式加工中心的组成

1—刀库；2—机械手；3—主轴单元；4—滚珠丝杠副；5—机床操纵台；6—回转工作台

1.2　机床的发展历程

1.2.1　世界机床的发展

世界机床的发展历程见表 1 - 1。

表 1-1 世界机床的发展历程

诞生时间	动力源	切削刀具	加工对象	功能简述	表征
2000 年前	人力	石片	木材或土坯	用脚踏绳索下端的套圈,利用树枝的弹性通过绳索带动工件旋转	树枝车床,机床最早的雏形
15 世纪初	人力畜力水力	金属	金属、非金属	利用杠杆增力,利用外力驱动工件或刀具旋转,加工钟表、武器零件	早期螺纹车床,早期插齿机床,早期镗床
15 世纪中叶	人力畜力水力	金属	金属、非金属	利用曲柄连杆机构,将脚踏板的上下运动转化为飞轮的旋转运动,从而驱动主轴旋转	脚踏车床
15 世纪中叶	人力畜力水力	金属	金属、非金属	法国人贝松设计出了一种用螺丝杠使刀具移动来车螺纹的车床	第二代螺纹车床
1775 年	蒸汽机	金属	金属、非金属	威尔金森发明了世界上第一台能够进行精密加工的镗床,这种镗床用的是空心圆筒形镗杆,两端都安装有轴承	第二代镗床
1797 年	蒸汽机	金属	金属、非金属	英国的莫利兹设计出了一种用丝杠传动刀架的车床,这种车床能够实现自动进给和加工螺纹,被视为划时代的机床结构,莫利兹也因此被称为"英国机床工业之父"	第三代螺纹车床
1800 年	蒸汽机	金属	金属、非金属	莫利兹改进了原来的刀架车床,采用更换齿轮的方法使得进给速度和加工螺纹的螺距可以改变	第四代螺纹车床
1817 年	蒸汽机	金属	金属、非金属	英国人罗伯茨设计出了可以通过四级带轮的背轮机构来改变主轴转速的车床。此后,更大型的车床出现了。同时,工业的发展对于机械化、自动化的要求越来越高	近代普通车床
1818 年	蒸汽机	金属	金属、非金属	惠特尼研制出了世界上第一台普通铣床,但是由于当时的铣床造价过高,因此并没有得到广泛发展。虽然当时关注铣床的人不多,但是惠特尼的铣床为以后铣床的发明和应用奠定了基础	首例普通铣床
1814—1839 年	蒸汽机	金属	金属、非金属	人们先后设计制造出多种龙门刨床,但这些刨床都没有送刀装置,1839 年,英国人博德默设计出了带有送刀装置的龙门刨床	首例带有送刀装置的龙门刨床

诞生时间	动力源	切削刀具	加工对象	功能简述	表征
1831—1872 年	蒸汽机	金属	金属、非金属	用于加工小平面的牛头刨床也开始被制造出来。就在英国为了应对工业革命的需求设计制造刨床、镗床的时候，美国为了生产武器装备，则将精力放在了铣床的研制上	首例牛头刨床
1845 年	蒸汽机	金属	金属、非金属	美国人菲奇设计出了转塔车床	首例转塔车床
1848 年	蒸汽机	金属	金属、非金属	美国人菲奇设计出了回轮车床	首例回轮车床
1850 年	蒸汽机	金属	金属、非金属	德国的马蒂格诺最先研制出了用于在金属上钻孔的麻花钻	首例钻床
1862 年	蒸汽机	金属	金属、非金属	（1）美国工程师约瑟夫·布朗设计制造配备有分度盘和立卧铣刀的铣床，成了一次划时代的设计。万能铣床的工作台可以在水平方向旋转一定的角度，并有立铣头等附件。布朗设计的铣床在 1867 年的巴黎博览会上获得了极大的成功，随后，他又设计出了经过研磨也不会发生变形的成形铣刀和用于磨铣刀的研磨机。布朗的设计使铣床的发展达到了一个更高的水平。 （2）英国人惠特沃斯在伦敦的国际博览会上展出了由动力驱动的钻床，这也是近代钻床的雏形。以后，各种各样的钻床开始出现，后来电动机的发明及其在钻床上的使用，使大型高性能的钻床也最终被研制出来	（1）世界上第一台万能铣床。 （2）世界上第一台钻床
1864 年	蒸汽机	金属	金属、非金属	美国人在车床的溜板刀架上装上砂轮，并使它能够自动进给来加工工件	第一台磨床
1873 年	蒸汽机	金属	金属、非金属	美国的斯潘塞相继研制出了单轴自动车床和三轴自动车床	首例自动车床
1876 年	蒸汽机	金属	金属、非金属	美国的布朗研制出了与近代磨床比较接近的万能磨床。后来，由于轴承、导轨的不断改进，磨床的精度也越来越高，并且开始向专业化方向发展	世界上第一台万能磨床

诞生时间	动力源	切削刀具	加工对象	功能简述	表征
1885 年	内燃机	金属	金属、非金属	在对威尔金森的镗床做了许多改进之后，英国人赫顿发明了工作台升降式镗床	现代镗床的雏形
1900 年	电动机	金属	金属、非金属	出现了由单独电动机驱动的带有齿轮变速箱的车床	首例电动车床
1900 年到1952 年	电动机	金属	金属、非金属	电子技术开始得到快速发展，自动信息处理、数据处理以及计算机技术在机床上的应用，给自动化技术带来了新的概念。于是人们开始研制用数字信号代替机械结构，对机床运动和加工的过程进行控制的新一代的机床	近代机床

1.2.2　我国机床的发展历程

1.2.2.1　第一阶段

从 1949 年中华人民共和国成立到 1952 年国民经济恢复时期，我国把机床工业的发展放到了重要的位置，实现了机床的从无到有，初步建成了机床行业的构架。

1.2.2.2　第二阶段

1953 到 1957 年"一五"期间，我国机床工业开始发展建设，建立了车床、铣床、镗床、钻床、磨床、齿轮加工机床、仪表机床、重型机床等专业机床研究所，这对我国机床技术的发展起到了有力的推动作用。在"一五"期间，我国机床主要采用苏联的图纸或仿制品，累计向全国提供了超过 10 万台机床，主要用于国家的重工业和机械工业的建设。

1.2.2.3　第三阶段

1958 到 1962 年"二五"期间，我国机床工业进入到提高完善阶段。这一时期重点发展重型机床、精密机床和锻压机床等，机床产业设备基本齐全，具备了提供大型、精密、高效机床和专用机床的能力，为我国汽车、内燃机、轴承和电机等行业提供了大量的装备。

1.2.2.4　第四阶段

到 1962 年年底，我国机床仿制品比例从"一五"期间的 78.5% 下降到了 3.2%。国民经济发展和国防建设对高精度精密机床的要求越来越高，而国内当时还没有具备生产高精度精密机床的能力，欧美又对我国进行技术封锁，苏联也中止了对我国机床的供货，因此只能自力更生，对整个机床行业组织"会战"。

1.2.2.5　第五阶段

到 1965 年年底，我国累计掌握了二十多种高精度精密机床的技术，国内出现了高精度精密机床产业。

1.2.2.6　第六阶段

1980 年以后，我国机床工业进入了新的历史发展时期。改革开放后，我国开始进行技术改造，其中包括数控攻关和数控机床的国产化，通过技术改造，企业在关键工艺装备、开发试验手段和装配、加工条件上得到了改善。

1.2.2.7　第七阶段

1981 到 1985 年"六五"期间，我国数控机床技术开始发展。在这一时期，机床行业一共引进了 113 项国外技术，自行开发了 1 225 种新产品，中国的机床开始出口到多个国家和地区。

1.2.2.8　第八阶段

1986 到 1990 年"七五"期间，我国数控机床开始与国外合作生产，机床市场由此向国际市场进发。

1.2.2.9　第九阶段

1991 到 1995 年"八五"期间，我国数控机床具有了自主知识产权。

1.2.2.10　第十阶段

1996 到 2000 年"九五"期间，我国数控机床的市场占有率大幅提高。2000 年以后，我国机床工业实现了跨越式高速发展。为了改变大型、高精度数控机床主要依赖进口的现状，满足国民经济发展和国家重点工业领域发展的需要，提出发展大型、精密高速数控装备和数控系统及功能部件为十六项重点振兴领域之一，在国家政策支持和市场需求的推动下，数控机床产业实现了跨越式发展，代表数控技术先进水平的五轴联动机床也打破了国外封锁。

1.2.3　总结

改革开放近 40 年来，我国机床工业取得了很大的进步，机床行业也将把握未来的发展机遇，使我国由机床制造大国向机床制造强国转变。机床工业是一个国家制造业的基础，机床产业作为一个国家的战略性产业，备受世界各国的重视。对机床的发展史有一定了解，将有助于人们把握将来机床的发展趋势，设计出符合未来需求的机床设备。

1.3　机床的组成及工作原理

机床的种类繁多，其组成与工作原理也各不相同，现以各种普通机床的共性部分总结如下：

（1）基础支撑部件，用于安装与支撑其他部件和工件，承受其重量和切削力，如床身底座和立柱等。

（2）主轴及变速系统，包括主轴部件和主变速箱，用于安装主轴并改变主运动的速度。

（3）进给及变速系统，包括床鞍、滑座、丝杠、工作台和进给变速箱等，用于传递进给运动和改变进给速度。

（4）刀架刀具系统，包括安装刀具的刀架和刀柄等，它是刀具与机床能可靠安装并进行切削的重要部件。

（5）电气控制，包括电气柜、电机、各种接触器、控制线路等，它是机床能实现一定逻辑控制的关键部件，如主轴及进给正反向变换、刀具夹紧松开、冷却和润滑系统启停等。

（6）操纵系统，包括操作控制台、各种手柄和各种按钮等，它是对机床进行适时操控的执行部件。

（7）润滑系统，包括润滑泵、过滤器、分配器、管路、油嘴等，它是保证机床各运动副能正常运转的部件，润滑系统有自动和手动两种。

（8）冷却系统，包括冷却水泵、过滤器、分配器、管路、喷嘴等，它是机床切削时快速散热降温的部件。

（9）机床附属装置，包括机床上下料装置、机械手、工业机器人等机床附加装置，以及卡盘、吸盘弹簧夹头、虎钳、回转工作台和分度头等机床附件。

1.4　机床的分类

目前金属切削机床的品种和规格繁多，为便于区别、使用和管理，需对机床进行分类。通常根据国家标准 GB/T 15375—1994 对机床进行分类。

1.4.1　按加工性质和所用刀具的不同分

按加工性质和所用刀具不同可分为车床、钻床、磨床、齿轮加工机床、螺纹加工机床、铣床、刨插床、拉床、特种加工机床、锯床和其他机床。除了上述基本分类方法之外，根据机床的其他特征，还有其他分类方法。表 1-2 所示为按加工性质和所用刀具的不同对机床进行分类。

表1-2 按加工性质和所用刀具的不同分类

序号	机床名称	机床代码	主参数	备注
1	车床	C	最大车削直径	
2	铣床	X	最大铣削宽度	
3	刨插床	B	最大刨削宽度	
4	磨床	M	外圆磨：最大磨削宽度； 平面磨：最大磨削宽度	
5	镗床	T	最大镗孔直径	
6	钻床	Z	最大钻孔直径	
7	齿轮加工机床	Y		
8	拉床	L		
9	螺纹加工机床			
10	特种加工机床			
11	锯床	G		
12	其他机床			

1.4.2　按机床通用性程度分

按机床通用性程度可分为通用机床（或称万能机床）、专门化机床和专用机床。

通用机床适用于单件小批量生产，加工范围较广，可以加工多种零件的不同工序。例如普通车床、卧式镗床、万能升降台铣床等。

专门化机床用于大批量生产中，加工范围较窄，可加工不同尺寸的一类或几类零件的某一种（或几种）特定工序。例如，精密丝杠车床、曲轴轴颈车床等。

专用机床通常应用于成批及大量生产中，这类机床是根据工艺要求专门设计制造的，专门用于加工某一种（或几种）零件的某一特定工序。例如，加工车床导轨的专用磨床、加工车床主轴箱的专用镗床等。

1.4.3　在同一种机床中，按加工精度的不同分

按加工精度不同可分为普通精度级、精密级和高精度级机床。

1.4.4　按机床的质量和尺寸的不同分

按机床的质量和尺寸不同可分为仪表机床，中型（一般），大型机床（质量达10t），重型机床（质量30t以上），超重型机床（质量在100t以上）。

1.4.5　按机床自动化程度分

按机床自动化程度可分为手动、机动、半自动和自动机床。

1.5 机床的用途

常用机床的用途见表1-3。

表1-3 常用机床的用途

序号	机床名称	主要用途
1	车床	主要用于加工各种回转表面和回转体的端面。如车削内外圆柱面、圆锥面、环槽及成形回转表面，车削端面及各种常用的螺纹，配有工艺装备还可加工各种特形面。在车床上还能做钻孔、扩孔、铰孔和滚花等工作
2	铣床	一种用途广泛的机床，在铣床上可以加工平面（水平面、垂直面）、沟槽（键槽、T形槽、燕尾槽等）、分齿零件（齿轮、花键轴、链轮）、螺旋形表面（螺纹、螺旋槽）及各种曲面。此外，还可用于加工回转体表面、内孔及进行切断工作等。铣床在工作时，工件装在工作台或分度头等附件上，铣刀旋转为主运动，辅以工作台或铣头的进给运动，工件即可获得所需的加工表面。由于是多刀断续切削，因而铣床的生产率较高
3	刨床、插床	主要用于加工各种平面（如水平面、垂直面和斜面），以及各种沟槽（如T形槽、燕尾槽、V形槽等）、直线成形表面。如果配有仿形装置，还可加工空间曲面，如汽轮机叶轮、螺旋槽等。这类机床的刀具结构简单，回程时不切削，故生产率较低，一般用于单件小批量生产
4	镗床	适用于机械加工车间对单件或小批量生产的零件进行平面铣削和孔系加工，主轴箱端部设计有平旋盘径向刀架，能精确镗削尺寸较大的孔和平面。此外还可进行钻、铰孔及螺纹加工
5	磨床	用磨料磨具（砂轮、砂带、油石或研磨料等）作为工具对工件表面进行切削加工的机床，统称为磨床。磨床可加工各种表面，如内外圆柱面和圆锥面、平面、齿轮齿廓面、螺旋面及各种成形面等，还可以刃磨刀具和进行切断等，工艺范围十分广泛。由于磨削加工容易得到高的加工精度和好的表面质量，所以磨床主要应用于零件精加工，尤其是淬硬钢件和高硬度特殊材料的精加工
6	钻床	具有广泛用途的通用性机床，可对零件进行钻孔、扩孔、铰孔、锪平面和攻螺纹等加工。在摇臂钻床上配有工艺装备时，还可以进行镗孔；在台钻上配上万能工作台（MDT-180型），还可铣键槽
7	齿轮加工机床	齿轮是最常用的传动件，有直齿、斜齿和人字齿的圆柱齿轮，直齿和弧齿的圆锥齿轮、蜗轮以及非圆形齿轮等。加工齿轮轮齿表面的机床称为齿轮加工机床

本章小结

本章首先论述了机床的定义，并介绍了国内外机床的发展历程和发展现状。普通机床有九种共性部分，它们的组成和工作原理已作出详细介绍，如按不同的方式进行分类，并学习了每种分类方式所包含的不同类别的机床。最后探讨了不同机床的主要用途。

第 2 章　数控机床及加工中心概论

2.1　数控机床及加工中心的定义

数控机床（Numerical Control Machine Tools）是用数字代码形式的信息（程序指令），控制刀具按给定的工作程序、运动速度和轨迹进行自动加工的机床。

加工中心（Machining Center）是由机械设备与数控系统组成的、用于加工复杂形状工件的高效率自动化机床，是能自动换刀的数控机床。加工中心备有刀库，具有自动换刀功能，是对工件一次装夹后进行多工序加工的数控机床。加工中心是高度机电一体化的产品，工件装夹后，数控系统能控制机床按不同工序自动选择、更换刀具，自动对刀，自动改变主轴转速和进给量等，可连续完成钻、镗、铣、铰、攻丝等多种工序，因而大大减少了工件的装夹时间及测量和机床调整等辅助工序时间，对加工形状比较复杂、精度要求较高、品种更换频繁的零件具有良好的经济效果。

2.2　数控机床及加工中心的发展历程

加工中心最初是从数控铣床发展而来的。第一台加工中心是 1958 年由美国卡尼特雷克公司首先研制成功的。它在数控卧式镗铣床的基础上增加了自动换刀装置，从而实现了工件一次装夹后即可进行铣削、钻削、镗削、铰削和攻丝等多种工序的集中加工。20 世纪 70 年代以来，加工中心得到了迅速发展，出现了可换主轴箱加工中心，它备有多个可以自动更换的、装有刀具的多轴主轴箱，能对工件同时进行多孔加工。

世界数控机床及加工中心的发展历程见表 2 - 1。

表 2 - 1　世界数控机床及加工中心的发展历程

诞生时间	动力源	切削刀具	加工对象	功能简述	表征
1952 年	伺服电动机	硬质合金	金属、非金属	美国帕森斯公司与麻省理工学院合作研制成功了世界上第一台数控升降铣床	第一代数控铣床
1956 年	伺服电动机	硬质合金	金属、非金属	德国、日本、苏联分别研制出本国的第一台数控机床	第二代数控机床

诞生时间	动力源	切削刀具	加工对象	功能简述	表征
1958 年	伺服电动机	硬质合金	金属、非金属	中国研制出第一台数控机床	第二代数控机床
1958 年	伺服电动机	硬质合金	金属、非金属	美国卡尼特雷克公司成功研制出了世界首台加工中心，加工中心配备有刀库、用于换刀的装置和回转工作台，以满足在一次装夹中进行不同类型的加工，如车削、铣削和钻孔等，这是数控机床的新一代类型	第一代加工中心
1960 年	伺服电动机	硬质合金	金属、非金属	比较简单、经济的点位控制数控钻床和直线控制数控铣床得到了快速发展，数控机床开始在机械制造业各部门逐步推广	第一代简易数控机床
1969 年	伺服电动机	硬质合金	金属、非金属	出现了由一台计算机直接控制多台机床的直接控制系统（DNC）和用小型计算机控制的计算机数控系统（CNC）	第三代数控机床
1974 年	伺服电动机	硬质合金	金属、非金属	大规模集成电路、小型计算机和微处理器开始出现，运算速度、价格、可靠性方面都得到了很大的改善。人们成功研制出使用微处理器和半导体存储器的微型计算机数控系统（MNC），这种数控系统的功能比三代数控系统多了一倍，体积减少到了 1/20，价格也降低了 3/4，可靠性也有很大的提高。同时，数控机床的基础理论也在逐步积累，关键技术得到了新的突破，从而使数控机床的发展开始得到重视，世界发达国家的数控机床产业也开始进入发展阶段	第四代数控机床
1980—1989 年	伺服电动机	硬质合金，立方氮化硼，聚金刚石	金属、非金属	数控系统微处理器的运算速度有了较大的提高，监控、检测、换刀、外围设备开始应用，数控机床的功能不断完善，可靠性进一步提高，数控机床得到了全面发展，发达国家的数控机床产业进入了发展应用阶段	第四代数控机床

续表

诞生时间	动力源	切削刀具	加工对象	功能简述	表征
1990—1999 年	伺服电动机	硬质合金，立方氮化硼，聚金刚石	金属、非金属	数控机床在工业生产中得到了普遍应用，数控机床技术不断发展，柔性单元、柔性系统、自动化工厂开始应用，数控机床产业开始进入成熟阶段	
2000 年至今	伺服电动机	硬质合金，立方氮化硼，聚金刚石	金属、非金属	民用工业和军事技术的不断发展对数控机床的要求越来越高，智能控制技术、高速高精度控制技术、多通道开放式体系结构、多轴控制技术、CAD/CAM 与 CNC 的集成，让数控机床的技术达到了智能化、网络化、敏捷制造、虚拟制造的更高阶段。未来数控机床的类型将更加多样化，自动程度也会更高，并将会向高速高效、高精度、高可靠性、复合化、多轴化、智能化方向发展	

2.3　数控机床及加工中心的组成和工作原理

2.3.1　数控机床的组成

（1）主要部件：基础部件、主传动系统和进给系统。

（2）辅助装置：液压、气动、润滑、冷却等系统，排屑、防护装置。

（3）实现工件回转、定位的装置和附件：回转工作台、分度头和平旋盘。

（4）特殊功能装置：刀具破损监控、精度检测和监控等装置。

（5）电气控制装置：数控系统、电气系统和按钮站等。

2.3.2　加工中心的组成

2.3.2.1　基础部件

基础部件一般指床身、立柱和工作台，它们是组成加工中心的结构基础，要承受加工中心的静载荷以及在加工时的切削载荷，所以应是刚度很高的部件。

2.3.2.2　主轴部件

主轴部件一般由主轴箱、主轴电动机、主轴和主轴轴承等组成。主轴是加工中心的关键部件，其结构特征直接关系到加工中心的使用性能。

2.3.2.3　数控系统

数控系统是加工中心加工过程控制和执行顺序动作的控制中心。

2.3.2.4　自动换刀系统

自动换刀系统由刀库、机械手等部件组成，刀库是存放加工过程中所要使用的全部刀具的装置。

2.3.2.5　辅助系统

辅助系统包括润滑、冷却、排屑、防护、液压和随机系统等。

2.3.2.6　自动托盘交换系统

为缩短非切削时间，有的加工中心配有两个自动交换工件的托盘，一个在工作台上加工，另一个位于工作台外用于装卸工件。

2.3.3　数控机床的工作原理

数控加工的原理是通过机床刀具对工件进行加工所需的理想运动轨迹的直线或圆弧插补运动，从而在指定精度内切削出目标形状。这里所谓的插补是指将自由曲线近似地以一组离散的简单曲线段（称为刀具插补运动轨迹，简称刀轨）替代。工件在机床上的加工，是通过刀具相对工件的运动来实现的。为定量描述数控机床上刀具相对工件的运动位置，可建立机床加工用的坐标系，即工件坐标系。该坐标系设置在工件上，即把工件视为静止，只需保证刀尖在坐标系中的运动轨迹符合工件的轮廓形状，就可加工出图纸所要求的零件。

数控机床的工作过程大致可分为以下几步：

（1）由数控系统接收从计算机发来的数控程序（NC 代码），NC 代码是由 NC 编程人员在 CAM 软件上生成或手工编制的，是一个文本数据，也就是说它的表达比较直观，可以较容易地被编程人员直接理解，但无法为硬件直接使用。

（2）由数控系统将 NC 代码"翻译"为机器码。机器码是一种由 0 和 1 组成的二进制文件，对一般的编程人员而言，它是难以理解的，但却可以直接为硬件所理解和使用。

（3）由数控系统将机器码转换为控制 X、Y、Z 三个方向运动的电脉冲信号，以及其他辅助处理信号。

2.3.4　加工中心的工作原理

加工中心加工零件，首先根据所设计的零件图，经过加工工艺分析、设计，将加工过程中所需的各种操作，如主轴启停、主轴变速、切削用量、进给路线、切削液供给以及刀具与工件相对位移量等，以规定的数控代码，按一定的格式编写成加工程序，然后通过键盘或其他输入设备将信息传送到数控系统，由数控系统中的计算机对接收的程序指令进行处理和计算，向伺服系统和其他各辅助控制线路发出指令，使它们按程序规定的动作顺序、刀具运动轨迹和切削工艺参数来进行自动加工，零件加工结束时，机床停止。当加工中心通过程序输入、调试和首件试切合格，进入批量生产时，操作者一般只要进行工件上、下料装卸，再按一下程序自动循环启动按钮，加工中心就能自动完成整个加工过程。

2.4　数控机床的分类

2.4.1　按工艺用途分类

2.4.1.1　普通数控机床

普通数控机床主要包括数控车床、数控铣床、数控镗床、数控钻床、数控刨床和数控磨床等。

普通数控机床按切削工艺的分类见表 2 - 2。

表 2 - 2　普通数控机床按切削工艺的分类

序号	机床名称	机床代码	主参数	备注
1	数控车床	CK	最大车削直径	
2	数控铣床	XK	最大铣削宽度	
3	数控刨插床	BK	最大刨削宽度	
4	数控磨床	MK	外圆磨：最大磨削宽度； 平面磨：最大磨削宽度	
5	数控镗床	TK	最大镗孔直径	
6	数控钻床	ZK	最大钻孔直径	
7	数控齿轮加工机床	YK		

2.4.1.2　加工中心

在普通数控机床上加装刀库和自动换刀装置，构成一种带自动换刀系统的数控机床，即为加工中心。其主要有车削加工中心、铣削加工中心和镗削加工中心等。

加工中心按切削工艺的分类见表 2 - 3。

表 2 - 3　加工中心按切削工艺的分类

序号	机床名称	机床代码	主参数	备注
1	车削加工中心	CH	最大车削直径	
2	铣削加工中心	XH	最大铣削宽度	

序号	机床名称	机床代码	主参数	备注
3	刨削加工中心	BH	最大刨削宽度	
4	磨削加工中心	MH	外圆磨：最大磨削宽度； 平面磨：最大磨削宽度	
5	镗削加工中心	TH	最大镗孔直径	
6	钻削加工中心	ZH	最大钻孔直径	
7	齿轮加工中心	YH		

2.4.2　按成形方式分类

（1）数控压力机。

（2）数控折弯机。

利用通用或专业模具，在冷态下将板材弯折成各种几何截面形状的工件。

2.4.3　按电加工方式分类

（1）数控电火花成形机床。

（2）数控电火花线切割机床。

快速成形机，利用熔融成形工艺，制造速度快且经济；尺寸精度较高、表面质量较好、材料利用率高。如激光烧结成形机，利用烧结成形工艺，制造速度快，成形后的零件需要抛光处理。

2.4.4　按数控系统控制运动的方式分类

（1）点位控制数控机床。

（2）直线控制数控机床。

（3）轮廓控制数控机床。

2.4.5　按伺服驱动的控制方式分类

（1）开环控制数控机床：系统没有检测反馈装置。

（2）闭环控制数控机床：在机床移动部件上直接安装直线位移检测装置。

（3）半闭环控制数控机床：将角位移检测元件安装在伺服电动机轴或滚珠丝杠的端部。

2.5　加工中心的分类

2.5.1　按主轴在加工时的空间位置分类

2.5.1.1　卧式加工中心

卧式加工中心在布局上分为固定立柱式和固定工作台式。固定立柱式加工中心如图 2-1 所示，固定工作台式加工中心如图 2-2 所示。

图 2-1　固定立柱式加工中心　　　　　　　图 2-2　固定工作台式加工中心

卧式加工中心一般具有 3~5 个运动坐标，通常是三个直线运动坐标加一个回转运动坐标，工件一次装夹后完成四个侧面的加工，特别适于加工箱体类工件。如图 2-3 所示的大型卧式加工中心配置有交换工作台，可使工件的装卸、调整时间与切削加工时间重合。

图 2-3　大型卧式加工中心

2.5.1.2 立式加工中心

立式加工中心主轴的轴线为垂直设置，一般具有三个直线运动坐标，也可以在工作台上安装一个水平轴（第四轴）的数控回转台，如图 2-4 所示，用于加工螺旋线类的工件。立式加工中心适于加工盘类、套类和板类工件。

图 2-4　立式加工中心

2.5.2　按功能特征分类

（1）镗铣加工中心，以镗、铣加工为主，适用于箱体、壳体以及各种复杂零件的特殊曲线和曲面轮廓的多工序加工。"加工中心"一词一般特指镗铣加工中心。

（2）钻削加工中心，以钻削加工为主，适用于中小零件钻孔、扩孔、铰孔、攻丝及连续轮廓的铣削。

（3）复合加工中心，除用各种刀具进行切削外，还可使用激光头进行打孔、清角，用磨头磨削内孔，用智能化在线测量装置检测和仿形等。

2.5.3　按运动坐标数和联动轴数分类

加工中心的数控装置可实现多个坐标轴控制和多轴联动控制，如三轴二联动、三轴三联动、四轴三联动、五轴四联动和五轴五联动等。图 2-5 所示为五轴联动加工中心，它具备三个移动坐标轴和两个转动坐标轴，其数控系统可以同时控制五个坐标轴。

图 2 - 5　五轴联动加工中心

2.5.4　按加工精度分类

加工中心按加工精度不同可分为普通加工中心和高精度加工中心。

普通加工中心的分辨率为 $1\mu m$，最大进给速度为 15～25 m/min，定位精度为 $10\mu m$ 左右。

高精度加工中心的分辨率为 $0.1\mu m$，最大进给速度为 15～100 m/min，定位精度为 $2\mu m$ 左右。

精密级加工中心，定位精度介于 2～10μm 的加工中心（以 5μm 较多）。

2.5.5　按自动换刀装置分类

2.5.5.1　转塔头加工中心

转塔头加工中心有立式和卧式两种，用转塔的转位来换主轴头，以实现自动换刀。主轴数一般为 6～12 个，换刀时间短，主轴转塔头定位精度要求较高。钻削加工中心多采用转塔头式自动换刀装置。

2.5.5.2　无机械手换刀加工中心

无机械手换刀加工中心，其刀库中刀具的安装方向与主轴装刀方向一致，通过刀库和主轴箱的配合实现换刀。

2.5.5.3 机械手换刀加工中心

机械手换刀加工中心自动换刀系统的结构多种多样，在加工中心得到了广泛应用。

2.6 数控机床及加工中心的用途

2.6.1 数控机床的用途

数控车床主要用于大规模的零件加工，其加工方式包括车外圆、镗孔、车平面等，可以编写程序，适用于批量生产，生产过程的自动化程度较高。

2.6.2 加工中心的用途

在加工中心上，工件一次装夹后，可以自动、连续地完成铣、钻、铰、扩、镗、攻螺纹等多工序加工，适用于中小型板类、盘类、箱体类、模具等零件的多品种、小批量和单一产品的成批生产。

加工中心在机械制造领域承担着精密、复杂的多任务加工，在现代化机械制造工厂，加工中心的应用日益广泛。

2.6.2.1 立式加工中心的应用范围

立式加工中心主要适用于加工板类、盘类、模具及小型壳体类复杂零件。

2.6.2.2 卧式加工中心的应用范围

卧式加工中心适用于零件形状比较复杂和精度要求较高的产品的批量生产，特别是箱体和复杂结构件的加工。

2.6.2.3 万能加工中心的应用范围

万能加工中心（又称多轴联动型加工中心）可以完成复杂空间曲面的加工。

本章小结

本章首先描述了数控机床及加工中心的定义，并学习了该装置从诞生到现在的发展历程，以及生产的一些成果。数控机床及加工中心由不同的系统和零部件组成，其工作原理要充分掌握。接下来学习了数控机床的分类，按工艺用途、成形方式、电加工方式、数控控制运动方式、伺服驱动的控制方式可分为不同的种类；加工中心按主轴在加工时的空间位置、功能特征、运动坐标数和联动轴数、加工精度、自动换刀装置的不同可分为五大类，并对每一类作出了详细描述。数控机床和加工中心用途广泛并可批量生产。

第 3 章　数控机床及加工中心的机械结构

数控机床作为典型的机电一体化产品，它的机械结构随着电子控制技术在机床上的普及应用及对机床性能提出的更高技术要求，而逐步发展变化。早期数控机床仅对普通机床的进给系统进行革新和改造；现代数控机床，尤其是加工中心，无论是支撑部件、主传动系统、进给传动系统、刀具系统和辅助功能等部件结构，还是机床整体布局和外部造型等均已发生了很大的变化，已经形成了数控机床独特的机械结构。

3.1　数控机床及加工中心机械本体的构成及特点

机械本体是数控机床的主体，从布局到结构都充分考虑适应数控加工的特点，它是用于完成各种切削加工的执行部件。与传统机床相比，数控机床的机械本体具有传动结构简单及运动部件的运动精度高、结构刚性好、可靠性高、传动效率高等优点。

3.1.1　数控机床及加工中心机械本体的构成

数控机床及加工中心的机械本体构成如下：

（1）机床基础部件。

（2）主传动系统。

（3）进给系统。

（4）实现工件回转及定位的装置和附件。

（5）实现某些部件动作与辅助功能的系统和装置，如液压、气动、润滑、冷却等系统和排屑、防护等装置。

（6）刀架或自动换刀装置（ATC）。

（7）自动托盘交换装置（APC）。

（8）特殊功能装置，如刀具破损监控及精度检测和监控装置。

（9）为完成自动化控制功能的各种信号反馈装置及元件。

机床大件称为机床基础件，通常是指床身、底座、立柱、横梁、滑座和工作台等，它是整台机床的基础和框架。机床的其他零部件，或者固定在基础件上，或者工作时在它的导轨上运动。其他机械结构的组成则按机床的功能需要选用。如一般的数控机床除基础件外，还有主传动系统、进给系统以及液压、润滑和冷却等其他辅助装置，这是数控机床机械本体的基本构成。加工中心是数控机床，所以加工中心至少还应有自动刀具交换系统（ATC），有的还有双工位 APC 等。柔性制造单元（FMC）除 ATC 外还带有较多工位数的 APC，有的还配有用于上下料的工业机器人。数控机床可根据自动化程度、可靠性要求和特殊功能需要，选用各类破损监控、机床与工件精度检测、补偿装置和附件等。有些特殊加工数控机床，如电加工数控机床和激光切割机，其主轴部件不同于一般数控金属切削机床，但对进给伺服系统的要求都是一样的。

数控机床用的刀具，虽不是机床本体的组成部分，但它是机床实现切削功能不可分割的部分，对提高数控机床的生产效率有重大影响。

3.1.2　数控机床及加工中心机械本体的特点

数控机床是高精度和高生产率的自动化机床，其加工过程中的动作顺序、运动部件的坐标位置及辅助功能，都是通过数字信息自动控制的，操作者在加工过程中无法干预，不能像在普通机床上加工零件那样，对机床本身的结构和装配的薄弱环节进行人为补偿，所以数控机床几乎在任何方面均要求机床设计得更为完善、制造得更为精密。为满足高精度、高效率、高自动化程度的要求，数控机床的机构设计已形成自己的独立体系，在这一结构的完善过程中，数控机床出现了不少新颖的结构及元件。与普通机床相比，数控机床机械结构有许多特点。

在主传动系统方面，具有下列特点：

（1）目前数控机床的主传动电动机已不再采用普通的交流异步电动机或传统的直流调速电动机，它们已逐步被新型的交流调速电动机和直流调速电动机所代替。

（2）转速高，功率大。它能使数控机床进行大功率切削和高速切削，实现高效率加工。

（3）变速范围大。数控机床的主传动系统要求有较大的调速范围，一般 $Rn > 100$，以保证加工时能选用合理的切削用量，从而获得最佳的生产率、加工精度和表面质量。

（4）主轴速度的变换迅速可靠。数控机床的变速是按照控制指令自动进行的，因此变速机构必须适应自动操作的要求。由于直流和交流主轴电动机的调速系统日趋完善，不仅能够方便地实现宽范围的无级变速，而且减少了中间传递环节，提高了变速控制的可靠性。

在进给传动系统方面，具有下列特点：

（1）尽量采用低摩擦的传动副。如采用静压导轨、滚动导轨和滚珠丝杠等，以减小摩擦力。

（2）选用最佳的降速比，以提高机床分辨率，使工作台尽可能大地加速，以达到跟踪指令和系统折算到驱动轴上的惯量尽量小的要求。

（3）缩短传动链以及用预紧的方法提高传动系统的刚度。如采用大扭矩、宽调速的直流电动机与丝杠直接相连，应用预加负载的滚动导轨和滚动丝杠副，丝杠支撑设计成两端轴向固定并可预拉伸的结构等办法来提高传动系统的刚度。

（4）尽量消除传动间隙，减小反向死区误差。如采用消除间隙的联轴节（如用加锥销固定的联轴套、用键加顶丝紧固的联轴套以及用无扭转间隙的挠性联轴器等）、采用有消除间隙措施的传动副等。

3.2　数控机床及加工中心主要基础件

3.2.1　床身

　　床身是机床的主体，是整个机床的基础支撑部件，床身上一般要安装导轨，支撑主轴箱、滑枕等部件。床身的结构对机床的布局有很大的影响。为了满足数控机床高速度、高精度、高生产率、高可靠性和高自动化程度的要求，数控机床必须比普通机床具备更高的静、动刚度和更好的抗振性。根据数控机床的类型不同，床身的结构形式也多种多样，如图 3-1～图 3-4 所示。

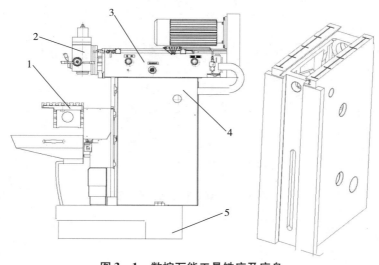

图 3-1　数控万能工具铣床及床身

1—水平工作台；2—垂直主轴承；3—水平主轴座；4—床身；5—底座

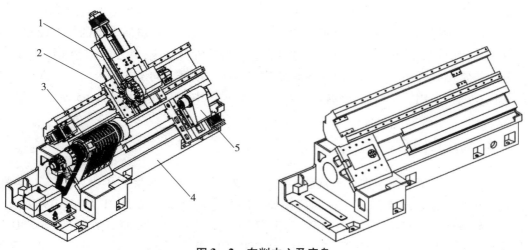

图 3-2　车削中心及床身

1—滑座；2—刀塔；3—主轴座；4—床身；5—尾座

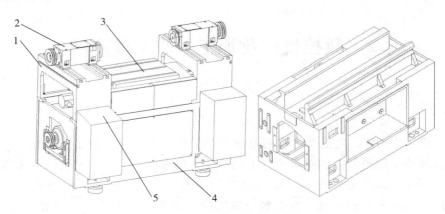

图 3 – 3   数控精密镗床及床身
1—支撑座；2—镗头；3—工作台；4—床身；5—操作面板

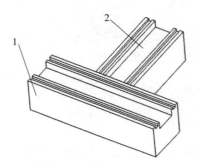

图 3 – 4   加工中心的 T 形床身
1—横床身；2—纵床身

3.2.2   立柱

　　加工中心的立柱用于支撑主轴箱，主轴箱沿立柱导轨上下移动进给。对立柱的基本要求是要有足够的构件强度、良好的抗振性和抗热变形性。机床立柱材质常见的为 HT250，这种材质强度、耐磨性、耐热性均较好，减振性良好，铸造性能较优，需进行人工时效处理。除此之外，经常用到的还有 HT200、HT300 或球墨铸铁，根据不同工作要求而定。立柱与底座之间的连接通常采用螺栓紧固和圆锥销定位。立式加工中心及立柱如图 3 – 5 所示。

3.2.3   工作台

　　工作台具有耐潮、耐腐蚀、不褪色和温度系数低等特点，主要用于机床加工工作平面，上面有孔和 T 形槽，用来固定工件和清理加工时产生的铁屑。按 JB/T 7974—1999 标准制造，产品制成筋板式和箱体式，工作面采用刮研工艺，工作面上可加工 V 形、T 形、U 形槽和圆孔、长孔，其材质为 HT200、HT250、HT300 或球墨铸铁。加工铸件时，需经过两次人工处理（人工退火 600℃ ~ 700℃ 和自然时效 2 ~ 3 年），从而能保证工作台具有稳定的精度

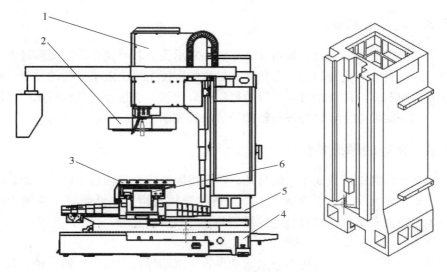

图 3-5　立式加工中心及立柱

1—主轴箱；2—刀库；3—水平工作台；4—底座；5—立柱；6—滑鞍

和较好的耐磨性能。

3.2.4　底座

底座主要起支撑作用。机床底座上装有工作台、主轴箱和立柱等，底座是机床的基础。假如没有底座，所有机械部件都难以组装起来，同时机床也会失去稳定性，运动的轨迹也将是上下起伏的，便没有加工精度可言。

机床底座的材质多为灰铸铁，也有少部分采用大理石。

3.2.5　导轨

机床导轨是机床基本结构要素之一，起导向和支撑作用，机床的加工精度和使用寿命在很大程度上取决于机床导轨的质量。数控机床及加工中心的导轨与普通机床的导轨相比有更高的要求。

3.2.5.1　导向精度高

导向精度是指机床的动导轨沿支撑导轨运动的直线度（对直线运动导轨）或圆度（对圆周运动导轨）。无论空载还是加工，导轨都应具有足够的导向精度，这是对导轨的基本要求。各种机床对于导轨本身的精度都有具体的规定或标准，以保证导轨的导向精度。

3.2.5.2　精度保持性好

精度的保持性是指导轨能否长期保持原始精度。影响精度保持性的主要因素是导轨的磨损，此外，还与导轨的结构形式及支撑件（如床身）的材料有关。数控机床的精度保持性要求比普通机床高，应采用摩擦因数小的滚动导轨、塑料导轨或静压导轨。

3.2.5.3 足够的刚度

机床各运动部件所受的外力，最后都由导轨面来承受。若导轨受力后变形过大，不仅会破坏导向精度，而且会恶化导轨的工作条件。导轨的刚度主要决定于导轨的类型、结构形式和尺寸大小及导轨与床身的连接方式、导轨材料和表面加工质量等。数控机床的导轨截面积通常较大，有时还需要在主导轨外添加辅助导轨来提高刚度。

3.2.5.4 良好的摩擦特性

数控机床导轨的摩擦因数要小，而且动、静摩擦因数应尽量接近，以减小摩擦阻力和导轨热变形，使运动轻便平稳、低速无爬行。此外，导轨结构工艺性要好，应便于制造和装配，便于检验、调整和维修，且有合理的导轨防护和润滑措施等。

1. 导轨的分类

按接触面的摩擦性质，导轨可以分为滚动导轨、滑动导轨和静压导轨三种，其中，数控机床及加工中心最常用的是滚动导轨和滑动导轨。

2. 滚动导轨

滚动导轨是在导轨面之间放置滚动体，使导轨面之间的滑动摩擦变成滚动摩擦。滚动导轨与滑动导轨相比的优点是：灵敏度高，且其动摩擦因数与静摩擦因数相差甚微，因而运动平稳，低速移动时不易出现爬行现象；定位精度高，重复定位精度可达0.2mm；摩擦阻力小，移动轻便，磨损小，精度保持性好，寿命长。但滚动导轨的抗振性较差，对防护要求较高。

滚动导轨特别适用于机床的工作部件要求移动均匀、运动灵敏及定位精度高的场合。在数控机床及加工中心上应用滚动导轨较为普遍。目前，常采用的滚动导轨有滚动导轨块和直线滚动导轨两种。

如图3-6所示，使用时，滚动导轨块安装在运动部件的导轨面上，每一导轨至少用两

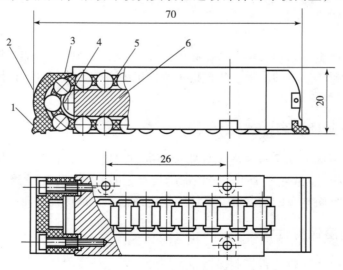

图3-6 滚动导轨块构造

1—外护板；2—端盖；3—滚动体；4—导向片；5—保持架；6—本体

块，导轨块的数目取决于导轨的长度和负载的大小，与之相配的导轨多采用镶钢淬火导轨。当运动部件移动时，滚动体 3 在支撑部件的导轨面与本体 6 之间滚动，同时又绕本体 6 做循环滚动，滚动体 3 与运动部件的导轨面不接触。这种滚动导轨块又称为滚动导轨支撑块，是一种滚动体做循环运动的滚动导轨，多用于中等负荷。

滚动导轨块由专业厂家生产，有多种规格、形式供客户选用。滚动导轨块的特点是刚度高、承载能力大及便于拆装等。

图 3 - 7 所示为直线滚动导轨构造，它由直线导轨 1、滑块 7、滚动体 4（滚珠）、保持架 3、端盖 6 等组成。使用时，直线导轨固定在不运动部件上（如床身、滑鞍及立柱等大件），滑块固定在运动部件上。当滑块沿导轨运动时，滚动体在直线导轨和滑块之间的圆弧直槽内滚动，通过端盖内的滚道从工作负载区到非工作负载区，不断循环，从而把直线导轨与滑块之间的移动转化成滚动体的滚动。这种直线滚动导轨又称为单元式直线滚动导轨，是近年来新出现的一种滚动导轨，优点是没有间隙。与一般滚动导轨相比，其还有自调整能力，安装基面允许误差大；制造精度高；可高速运行，运行速度可大于 10m/s；能长时间保持高精度；可预加负载以提高刚度等。由生产厂家组装而成，直线滚动导轨分四个精度等级，即 2、3、4、5 级，2 级精度最高，依次递减。

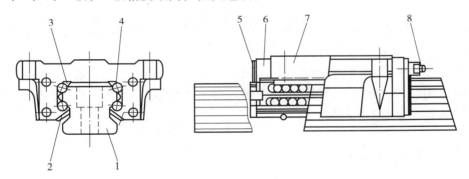

图 3 - 7　直线滚动导轨构造

1—直线导轨；2，5—塑料密封垫；3—保持架；4—滚动体；6—端盖；7—滑块；8—注油杯

3. 滑动导轨

滑动导轨具有结构简单、制造方便、刚度好和抗振性高等优点，是机床上使用最广泛的导轨形式。普通的铸铁 - 铸铁、铸铁 - 淬火钢导轨，存在的缺点是静摩擦因数大；而且动摩擦因数随速度变化而变化，摩擦损失大，低速（1 ~ 60mm/min）时易出现爬行现象，降低了运动部件的定位精度。

通过选用合适的导轨材料和采用相应的热处理及加工方法，可以提高滑动导轨的耐磨性及改善其摩擦特性。例如，采用优质铸铁、合金耐磨铸铁或镶淬火钢，进行导轨表面滚轧强化、表面淬硬、涂铬和涂钼工艺处理等。

1）注塑导轨

导轨注塑或抗磨涂层的材料是以环氧树脂和二硫化钼为基体，加入增塑剂，混合成膏状为一组分、固化剂为另一组分的双组分塑料，国内牌号 HNT 称为环氧树脂耐磨涂料。这种涂料附着力强，可用涂敷工艺或压注成型工艺涂到预先加工成锯齿形的导轨。导轨注塑工艺简单，在调整好固定导轨和运动导轨间的相关位置上，涂层厚度为 1.5 ~ 2.5mm，注入双组分塑料，固化后将定、动导轨分离即成塑料导轨副。塑料涂层导轨摩擦因数小，在无润滑油情况下仍有较好的润滑和防爬行的效果。目前在大型和重型机床上应用较多。

2）贴塑导轨

在导轨滑动面上贴一层抗磨塑料软带，与之相配的导轨滑动面经淬火和磨削加工。软带以聚四氟乙烯为基材，添加合金粉和氧化物制成。塑料软带可切成任意大小和形状，用黏接剂黏接在导轨基面上。由于这类导轨软带用黏接方法，故习惯上称贴塑导轨。塑料软带一般黏接在机床导轨副的短导轨面上。圆形导轨应粘贴在下导轨面上，各种组合形式的滑动导轨均可粘贴。

4. 静压导轨

静压导轨的滑动面之间开有油腔，有一定压力的油通过节流器输入油腔，形成压力油膜，浮起运动部件，使导轨工作面处于纯液体摩擦，不产生磨损，精度保持性好。同时摩擦因数也极低（0.000 5），使驱动功率大为降低。其运动不受速度和负载的限制，低速无爬行，承载能力好，刚度好，油液有吸振作用，抗振性好，导轨摩擦发热小。其缺点是结构复杂，要有供油系统，油的清洁度要求高，多用于重型、精度较高的机床。

3.3 数控机床及加工中心主传动系统

数控机床及加工中心的主传动系统的作用是将主轴电动机的原动力通过该传动系统变成可供切削加工用的切削力矩和切削速度。一般采用直流或交流主轴电动机，通过皮带传动和主轴箱的变速齿轮带动主轴旋转。

3.3.1 主传动系统

为了适应各种不同材料的加工及各种不同的加工方法，要求数控机床的主传动系统有较宽的转速范围及相应的输出力矩。此外，由于主轴部件直接装夹刀具对工件进行切削，而且对加工质量（包括加工粗糙度）及刀具寿命有很大的影响，所以对主传动系统的要求是很高的。为了能高效率地加工出高精度、低表面粗糙度的工件，必须有一个具有良好性能的主传动系统和一个具有高精度、高刚度、振动小、热变形及噪声均能满足需要的主轴部件。

3.3.2 主传动系统结构特点

数控机床的主传动系统一般采用直流或交流主轴电动机，通过皮带传动和主轴箱的变速齿轮带动主轴旋转。由于这种电动机调速范围广，又可无级调速，使得主轴箱的结构大为简化。主轴电动机在额定转速时输出全部功率和最大转矩，随着转速的变化，功率和转矩将发生变化。在调压范围内（从额定转速调到最低转速）为恒转矩，功率随转速成正比例下降；在调速范围内（从额定转速调到最高转速）为恒功率，转矩随转速升高成正比例减小。这种变化规律是符合正常加工要求的，即低速切削所需转矩大、高速切削消耗功率大。同时也可以看出电动机的有效转速范围并不一定能完全满足主轴的工作需要。所以主轴箱一般仍需要设置几挡变速（2～4 挡）。机械变挡一般采用油缸推动滑移齿轮实现，这种方法结构简单，性能可靠，一次变速只需 1s。有些小型或者调速范围不需要太大的数控机床，也常采用由电动机直接带动主轴或用皮带传动带动主轴旋转。

为了满足主传动系统高精度、高刚度和低噪声的要求，主轴箱的传动齿轮都要经过高频淬硬、精密磨削。在结构允许的条件下，应适当增加齿轮宽度，提高齿轮的重叠系数。变速滑移齿轮一般都用花键传动，采用内径定心。侧面定心的花键对降低噪声更为有利，因为这种定心方式传动间隙小、接触面大，但加工需要专门的刀具和花键磨床。皮带传动容易产生振动，在皮带长度不一致的情况下更为严重。因此，在选择皮带时，应尽可能缩短皮带长度。如因结构限制，皮带长度无法缩短，则可增设压紧轮，将皮带张紧，以减少振动。

3.3.3　主传动系统分类

为了适应不同的加工要求，目前主传动系统大致可以分为 3 类。

3.3.3.1　二级以上变速的主传动系统

变速装置多采用齿轮变速结构。滑移齿轮的移位大多采用液压缸和拨叉或直接由液压油缸带动齿轮来实现。因数控机床使用可调无级变速交、直流电动机，所以经齿轮变速后，实现分段无级变速，调速范围增加。其优点是能够满足各种切削运动的转矩输出，且具有大范围调节速度的能力。但由于结构复杂，需要增加润滑及温度控制装置，故成本较高。此外制造和维修也比较困难。

1. 二级变速器的主传动系统

图 3-8 所示为二级以上齿轮变速主传动系统的应用实例。

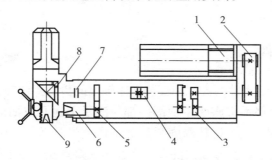

图 3-8　XK8140 数控万能工具数控铣床主传动系统
1—主轴电动机；2—三角带；3，5—齿轮；4—联轴节；6—水平主轴；
7—离合器；8—锥齿轮；9—垂直主轴

2. 一级变速器的主传动系统

目前多采用皮带传动装置，其优点是结构简单、安装调试方便，且在一定条件下能满足转速与转矩的输出要求。但系统的调速范围比与电动机一样，受电动机调速范围的约束。这种传动方式可以避免齿轮传动时引起的振动与噪声，适用于低转矩特性要求的主轴。图 3-9 和图 3-10 所示为一级变速主传动系统的应用实例。

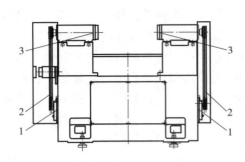

图 3 – 9　TK7140 数控精密镗床主传动系统

1—主轴电动机；2—三角带；3—镗头

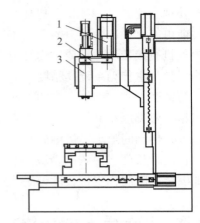

图 3 – 10　VMC50 立式加工中心主传动系统

1—主轴电动机；2—齿形皮带；3—主轴

数控精密镗床主传动系统由图 3 – 9 所示的 3 个部分组成。其运动由交流主轴电动机 1 产生动力，经过三角带 2 驱动镗头 3 运转。

立式加工中心主传动系统由图 3 – 10 所示的 3 个部分组成。其运动由交流主轴电动机 1 产生动力，经过齿形皮带 2 带动主轴 3 旋转。

3.3.3.2　调速电动机直接驱动的主传动系统

调速电动机直接驱动的主传动系统中，电动机通过联轴器与主轴直连，其优点是结构紧凑、占用空间少、转换效率高，但是主轴转速的变化及转矩的输出和电动机的输出特性完全一致，因而使用受到限制。

3.3.4　主轴部件

数控机床主轴部件包括主轴的支承和安装在主轴上的传动零件等。主轴部件质量的好坏直接影响加工质量。无论哪种机床的主轴部件都应满足下述几方面的要求：主轴的回转精度，部件的结构刚度和抗振性，运转温度和热稳定性，以及部件的耐磨性和精度保持能力等。对于数控机床尤其是自动换刀数控机床，为了实现刀具在主轴上的自动装卸与夹持，还必须有刀具的自动夹紧装置、主轴准停装置和主轴孔的清理装置等。

3.3.4.1　主轴端部的结构形状

主轴端部用于安装刀具或安装夹持工件的夹具。在设计要求上，应能保证定位准确、安装可靠、连接牢固、装卸方便，并能传递足够扭矩。主轴端部的结构形状都已标准化，图 3 – 11 所示为车、铣、磨 3 种主要数控机床的结构形式。

图 3 – 11（a）所示为车床的主轴端部，卡盘靠前端的短圆锥和凸缘端面定位，用拔销传递扭矩。卡盘装有固定螺栓，当其装于主轴端部时，螺栓从凸缘上的孔中穿过，转动快卸卡板将数个螺栓同时挂住，再拧紧螺母将卡盘固定在主轴端部。主轴为空心，前端有莫氏锥度

孔用以安装顶尖或芯轴。

图 3 - 11（b）所示为铣、镗类机床的主轴端部，铣刀或刀杆在前端 7:24 的锥孔内定位，并用拉杆从主轴后端拉紧，由前端的端面键传递扭矩。

图 3 - 11（c）所示为磨床砂轮主轴的端部。

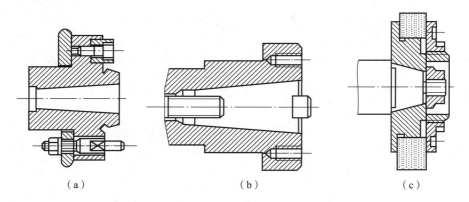

（a）　　　　　　　　　　（b）　　　　　　　　　　（c）

图 3 - 11　主轴端部结构形状

（a）车床；（b）铣床；（c）磨床

3.3.4.2　主轴部件的支承

机床主轴带着刀具或夹具在支承中做回转运动，应能传递切削扭矩、承受切削抗力，并保证必要的旋转精度。机床主轴多采用滚动轴承作为支承。对于精度要求高的主轴，则采用动压或静压滑动轴承作为支承。主轴部件常用的滚动轴承有以下几种。

1. 角接触球轴承

角接触球轴承通常两个或三个或更多个组配使用，能承受径向、双向轴向负载。组配使用能满足刚度要求，并能方便地消除轴向和径向间隙，这种轴承允许主轴的最高转速较高。

2. 圆柱滚子轴承

圆柱滚子轴承只承受径向载荷，承载能力大，刚度大，容易消除径向间隙和径向预紧。这种轴承允许主轴的最高转速比向心推力球轴承低。

3. 60°角接触推力调心球轴承

60°角接触推力调心球轴承只承受轴向载荷，承载能力大，刚度大，容易消除轴向间隙和轴向预紧。这种轴承允许主轴最高转速与同孔径的圆柱滚子轴承相同，适合两者配套使用。

4. 圆锥滚子轴承

圆锥滚子轴承能同时承受较大的轴向载荷和径向载荷，刚度大，容易消除间隙和预紧，但允许的主轴转速相对较低。

在实际应用中，数控机床主轴轴承常见的配置有下列三种形式：

图 3 - 12（a）所示结构为前支承采用双列短圆柱滚子轴承和双向推力角接触球轴承组合，后支承采用成对向心推力球轴承。这种结构的综合刚度高，可以满足强力切削要求，是目前各类数控机床普遍采用的形式。

图 3 - 12（b）所示结构为前支承采用多个高精度向心推力球轴承，后支承采用单个向心

推力球轴承。这种配置的高速性能好，但承载能力较差，适用于高速、轻载和精密数控机床。

图3-12（c）所示结构为前支承采用双列圆锥滚子轴承，后支承为单列圆锥滚子轴承。这种配置的径向和轴向刚度很高，可承受重载荷，但这种结构限制了主轴最高转速和精度，因而仅适用于中等精度、低速与重载的数控机床主轴。

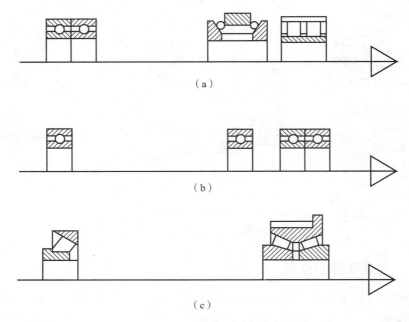

（a）

（b）

（c）

图3-12　主轴支承配置
（a）高刚度型；（b）高速轻载型；（c）低速重载型

为提高主轴组件刚度，数控机床还常采用三支承主轴组件，尤其是前、后轴承间跨距较大的数控机床，采用辅助支承可以有效地减小主轴弯曲变形。三支承主轴结构中，一个支承为辅助支承，辅助支承可以选为中间支承，也可以选为后支承。辅助支承在径向要保留必要的间隙，避免由于主轴安装轴承处轴径和箱体安装轴承处孔的制造误差（主要是同轴度误差）造成的干涉。辅助支承常采用深沟球轴承。

液体静压轴承和动压轴承主要应用于主轴高转速、高回转精度的场合，如应用于精密、超精密数控机床主轴和数控磨床主轴。对于要求更高转速的主轴，可以采用空气静压轴承，这种轴承的转速可达每分钟几万转，并有非常高的回转精度。

3.3.4.3　自动换刀数控机床主轴内刀具的自动卡紧及吹屑装置

在带有刀库的自动换刀数控机床中，为实现刀具在主轴上的自动装卸，其主轴必须设计刀具的自动夹紧机构。自动换刀数控立式铣镗床主轴的刀具夹紧机构如图3-13所示。主轴的前支承配置了三个高精度的角接触球轴承，用以承受径向载荷和轴向载荷，前两个轴承的大口朝下，后面一个轴承的大口朝上。前支承按预加载荷计算的预紧量由螺母5来调整。后支承为一对小口相对配置的角接触球轴承，它们只承受径向载荷，因此轴承外圈不需要定位。该主轴选择的轴承类型和配置形式，满足主轴高转速和承受较大轴向载荷的要求。主轴受热变形向后伸长，不影响加工精度。

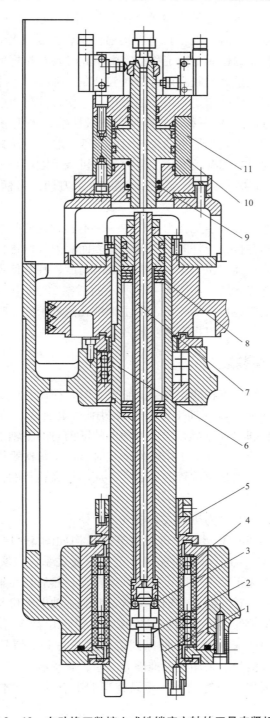

图 3 – 13　自动换刀数控立式铣镗床主轴的刀具夹紧机构

1—主轴；2—拉钉；3—钢球；4，6—角接触球轴承；5—螺母；7—拉杆；

8—碟形弹簧；9—弹簧；10—活塞；11—液压缸

　　主轴内部和后端安装的是刀具自动夹紧机构，它主要由拉杆 7、拉杆端部的四个钢球 3、碟形弹簧 8、活塞 10 和液压缸 11 等组成。

刀柄以锥度为 7∶24 的锥柄在主轴 1 前端的锥孔中定位，并通过拧紧在锥柄尾部的拉钉 2 拉紧在锥孔中。夹紧刀柄时，液压缸上腔接通回油，弹簧 9 推活塞 10 上移，处于图示位置，拉杆 7 在碟形弹簧 8 的作用下向上移动；由于此时装在拉杆前端径向孔中的钢球 3 进入主轴孔中直径较小处，被迫径向收拢而卡进拉钉 2 的环形凹槽内，因而刀杆被拉杆拉紧，依靠摩擦力紧固在主轴上。切削扭矩则由端面键传递。换刀前将刀柄松开时，压力油进入液压缸上腔，活塞 10 推动拉杆 7 向下移动，碟形弹簧被压缩；当钢球 3 随拉杆一起下移至进入主轴孔直径较大之处时，它就不能再约束拉钉的头部，紧接着拉杆前端内孔的台肩端面碰到拉钉，把刀柄顶松。此时行程开关发出信号，换刀机械手随即将刀柄取下。当机械手把新刀装上主轴后，液压缸 11 接通回油，碟形弹簧又拉紧刀柄，刀柄拉紧后，行程开关发出信号。

自动清除主轴孔中切屑和灰尘是换刀操作中一个不容忽视的问题。如果在主轴锥孔中掉进了切屑或其他污物，则在拉紧刀杆时，主轴锥孔表面和刀杆的锥柄就会被划伤，甚至使刀杆发生偏斜，破坏刀具的正确定位，影响加工零件的精度，甚至使零件报废。为了保持主轴锥孔的清洁，常用压缩空气吹屑。如图 3 - 13 所示的活塞 10 的中心钻有压缩空气通道，当活塞向下移动时，压缩空气经拉杆 7 吹出，将主轴锥孔清理干净。喷气头中的喷气小孔要有合理的喷射角度，并均匀分布，以提高其吹屑效果。

3.3.4.2 主轴准停装置

主轴准停功能又称主轴定位功能，即当主轴停止时，控制其停于固定位置，这是自动换刀所必需的功能。在自动换刀数控加工中心上，切削扭矩通常是通过刀杆的端面键来传递的，因此在每一次自动装卸刀杆时都必须使刀柄上的键槽对准主轴上的端面键，这就要求主轴具有准确的轴向定位的功能。在加工精密坐标孔时，由于每次都能在主轴固定的圆周位置上装刀，故能保证刀尖与主轴相对位置的一致性，从而提高孔径的正确性，这是主轴准停装置带来的另一个好处。

目前准停装置很多，主要分为机械式和电气式两种。

机械准停装置中较典型的 V 形槽轮定位盘准停机构如图 3 - 14 所示，其工作过程如下所述。带有 V 形槽的定位盘与主轴端面保持一定的位置关系，以实现定位。当执行准停控制指令时，首先使主轴降速至某一可以设定的低速转动，然后当无触点开关有效信号被检测到后，立即使主轴电动机停转并断开主轴传动链，此时主轴电动机与主传动件依惯性继续空转，同时准停液压缸定位销伸出并压向接触定位盘。当定位盘 V 形槽与定位销对正时，由于液压缸的压力，定位销插入 V 形槽，准停到位检测开关 LS2 信号有效，表明准停动作完成，这里 LS1 为准停释放信号。采用这种准停方式时，必须有一定的逻辑互锁，即当 LS2 有效后，才能进行下面的诸如换刀等动作；而只有当 LS1 有效时，才能启动主轴电动机正常运转。

上述准停控制通常由数控系统所配的可编程控制器完成。

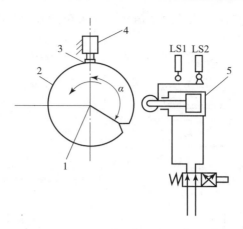

图 3 – 14　V 形槽轮定位盘准停机构

1—主轴中心；2—定位盘；3—接近体；4—无触点开关；5—定位液压缸

3.4　数控机床及加工中心进给系统

数控机床及加工中心的进给系统采用无级调速伺服驱动方式，被加工工件的最终位置精度和轮廓精度都与进给运动的传动精度、灵敏度和稳定性有关。

3.4.1　进给传动系统的特点

数控机床及加工中心要求进给系统中的传动装置和元件具有高的寿命、高的刚度、无传动间隙、高的灵敏度和低的摩擦阻力等特点。为了提高进给运动的位移精度，减少传动误差，首先要保证传动系统中各种机械零部件的加工精度，其次要采用合理的预紧来消除轴向传动间隙，所以在进给传动系统中采用了间隙消除机构。这里要强调一点，在采用预紧等各种消除间隙的措施后仍然可能留有微量间隙。此外，零部件受力后会产生弹性变形，也会产生间隙，因此在进给系统反向运动时，仍需由数控装置发出脉冲指令进行自动补偿。

3.4.2　进给传动系统的构成

进给传动系统通常是由伺服电动机、同步带轮传动副和滚珠丝杠螺母副组成的。有的机床通过联轴器直接将伺服电动机与滚珠丝杠连接。滚珠丝杠螺母副的作用是将电动机的旋转运动转换为执行部件的直线运动。图 3 – 15 ~ 图 3 – 17 所示分别为 XK8140 万能工具数控铣床进给传动系统、TK7140 数控精密镗床进给传动系统及 VMC50 立式加工中心进给系统。

如图 3 – 15 (b) 所示，万能工具数控铣床有三向进给运动，分别是 X、Y、Z 三轴，均采用交流伺服电动机 1，经同步齿形带 2，传至滚珠丝杠 4，滚珠丝杠或螺母与主轴的运动部件（X 轴为丝杠与垂直工作台，Y 轴为螺母与水平主轴座，Z 轴为螺母与升降台）相连接。各轴均由向心推力球轴承 3 直接支承丝杠。各坐标的位置检测信号由安装在各运动部件 5 上的光栅尺 6 反馈至数控系统，速度信号由安装在交流伺服电动机 1 内的测速发电机 7 反馈至伺服驱动器。

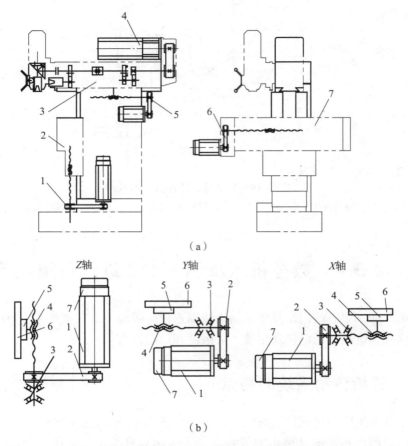

（a）

（b）

图 3 – 15　XK8140 万能工具数控铣床进给传动系统

（a）XK8140 万能工具数控铣床

1—Z 轴垂向；2—升降台；3—水平主轴座；4—主电动机；5—Y 轴横向；6—X 轴纵向；7—垂直工作台

（b）X、Y、Z 三向进给

1—交流伺服电动机；2—同步齿形带；3—向心推力球轴承；4—滚珠丝杠；5—运动部件；6—光栅尺；7—测速发电机

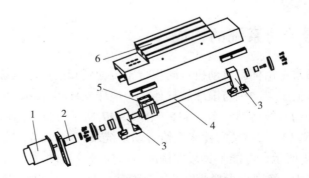

图 3 – 16　TK7140 数控精密镗床进给传动系统

1—步进电动机；2—联轴器；3—轴承座；4—滚珠丝杠；5—滚珠丝杠螺母；6—运动部件

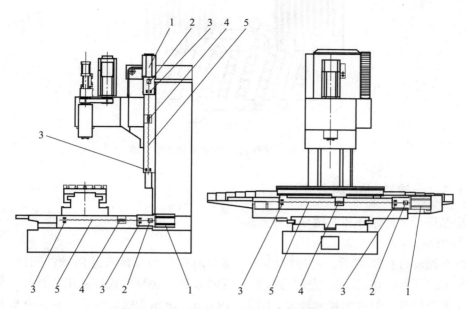

图 3 – 17　VMC50 立式加工中心进给系统

1—进给电动机；2—联轴器；3—角接触轴承；4—滚珠丝杠螺母；5—滚珠丝杠

　　如图 3 – 16 所示，数控精密镗床只有纵向进给运动，是一轴数控机床，采用步进电动机 1，经联轴器 2，传至滚珠丝杠 4，丝杠螺母 5 与主轴的运动部件 6（工作台）相连接，滚珠丝杠由位于轴承座 3 内的向心推力球轴承直接支承。动力由电动机传到滚珠丝杠，通过滚珠丝杠螺母副来带动工作台移动，步进电动机由可编程控制器来控制。

　　VMC50 立式加工中心的进给运动采用三个坐标分离传动，进给电动机 1 通过一个无间隙传动的联轴器 2 和滚珠丝杠 5 直接连接，滚珠丝杠由角接触轴承 3 支承，滚珠丝杠螺母 4 带动运动部件移动，分别完成 X、Y、Z 三个方向的坐标动作。滚珠丝杠安装时均进行了预拉伸，可有效减小滚珠丝杠工作时因热膨胀、自重引起的弹性变形，以提高珠丝丝杠的刚性，保证精度的稳定性。

3.4.3　滚珠丝杠螺母副

　　滚珠丝杠螺母副是回转运动与直线运动相互转换的一种新型传动装置，在数控机床及加工中心上得到了广泛的应用。它的结构特点是在具有螺旋槽的丝杠螺母间装有滚珠，使丝杠与螺母之间的运动成为滚动，以减少摩擦。

3.4.3.1　滚珠丝杠螺母副的工作原理

　　滚珠丝杠螺母副的工作原理如图 3 – 18 所示，图中丝杠和螺母上都加工有圆弧形的螺旋槽，它们对合起来就形成了螺旋滚道。在滚道内装有滚珠，当丝杠与螺母相对运动时，滚珠沿螺旋槽向前滚动，在丝杠上滚过数圈以后通过回程引导装置，逐个地又滚回到丝杠与螺母之间，构成一个闭合的回路。

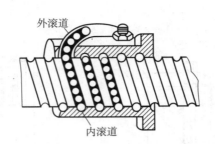

图 3-18　滚珠丝杠螺母副的工作原理

3.4.3.2　滚珠的循环方式

滚珠循环分为外循环和内循环两种方式。

1. 外循环

滚珠在循环过程结束后，通过螺母外表面上的螺旋槽或插管返回丝杠间进入新循环。图 3-19（a）所示为插管式，它用弯管作为返回管道，这种形式结构工艺性好，但由于管道凸出于螺母体外，故径向尺寸较大。图 3-19（b）所示为螺旋槽式，它是在螺母外圆上铣出螺旋槽，槽的两端钻出通孔并与螺纹滚道相切，形成返回通道，这种形式的结构比插管式结构径向尺寸小，但制造工艺较复杂。

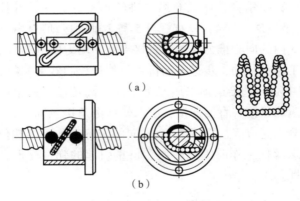

（a）

（b）

图 3-19　外循环滚珠丝杠副

（a）插管式；（b）螺旋槽式

2. 内循环

这种循环靠螺母上安装的反向器接通相邻滚道，循环过程中滚珠始终与丝杠保持接触，如图 3-20 所示。滚珠从螺纹滚道进入反向器，借助反向器迫使滚珠越过丝杠牙顶进入相邻滚道，实现循环。一般一个螺母上装有 2~4 个反向器，反向器沿螺母圆周等分分布。其优点是径向尺寸紧凑、刚性好，因其返回滚道较短，故摩擦损失小。缺点是反向器加工困难。

3. 滚珠丝杠螺母副轴向间隙的调整

滚珠丝杠的传动间隙是轴向间隙。轴向间隙通常是指丝杠和螺母无相对转动时，丝杠和螺母之间的最大轴向窜动量。除了结构本身所有的游隙之外，还包括施加轴向载荷后产生弹性变形所造成的轴向窜动量。为了保证反向传动精度和轴向刚度，必须消除轴向间隙。用预紧方法消除间隙时应注意，预加载荷能够有效地减少弹性变形所带来的轴向位移，但预紧力不宜过大。过大的预紧载荷将增加摩擦力，使传动效率降低，缩短丝杠的使用寿命。所以，一般需要经过多次调整才能保证机床在最大轴向载荷下既消除了间隙又能灵活运转。

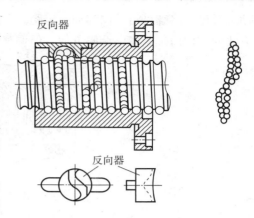

图 3-20　内循环滚珠丝杠副

消除间隙的方法除了少数用微量过盈滚珠的单螺母消除间隙外，常用的方法是采用双螺母消除丝杠和螺母间隙。

1）垫片调隙式

图 3-21 所示为双螺母垫片调隙式结构，通过调整垫片的厚度使左右螺母产生轴向位移，就可达到消除间隙和产生预紧力的作用。这种方法结构简单，刚性好，装卸方便、可靠。但调整费时，很难在一次修磨中调整完成，调整精度不高，仅适用于一般精度的数控机床。

2）齿差调隙式

图 3-22 所示为双螺母齿差调隙式结构：在两个螺母 2 和 5 的凸缘上各自有一个圆柱齿轮，两个齿轮的齿数只相差一个齿，即 $z_2 - z_1 = 1$。两个内齿圈 1 和 4 与外齿轮齿数分别相同，并用螺钉和销钉固定在螺母座 3 的两端。调整时先将内齿圈取下，根据间隙的大小调整两个螺母 2、5，分别向相同的方向转过一个或多个齿，使两个螺母在轴向靠近，以达到调整间隙和预紧的目的。

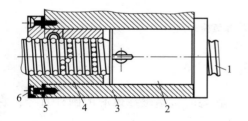

图 3-21　双螺母垫片调隙式结构

1—丝杠；2，4—螺母；

3—螺母座；5—垫片；6—螺钉

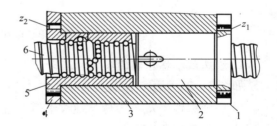

图 3-22　双螺母齿差调隙式结构

1，4—内齿圈；2，5—螺母；

3—螺母座；6—丝杠

例如，当 $z_1 = 79$，$z_2 = 80$，滚珠丝杠导程 $T = 6mm$ 时，如果两个螺母向相同方向各转过一个齿，则其相对轴向位移量为 $S = T/(z_2 \cdot z_1) = 6/(80 \times 79)$ mm $\approx 0.001mm$，若间隙量为 0.002mm，则相应的两螺母沿同方向转过 2 个齿即可消除。

齿差调隙式的结构较为复杂，尺寸较大，但是调整方便，可获得精确的调整量，预紧可靠，不会松动，适用于高精度传动。

3）螺纹调隙式

图 3-23 所示为双螺母螺纹调隙式结构，用键限制螺母在螺母座内的转动。调整时，拧

动圆螺母，将螺母沿轴向移动一定距离，在消除间隙之后用另一圆螺母将其锁紧。这种调整方法的结构简单紧凑，调整方便，但调整精度较差。

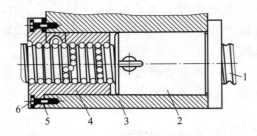

图 3 – 23 双螺母螺纹调隙式结构

1，2—圆螺母；3—丝杠；4—垫片；5—螺母；6—螺母座

4）单螺母变位螺距预加负荷式

图 3 – 24 所示为单螺母变位螺距预加负荷式结构，它是在滚珠螺母体内的两列循环滚珠链之间使内螺纹滚道在轴向产生一个 ΔL_0 的导程变量，从而使两列滚珠在轴向错位实现预紧。这种调隙方法结构简单，但导程变量须预先设定且不能改变。

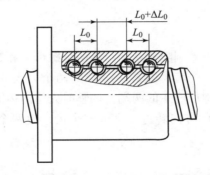

图 3 – 24 单螺母变位螺距预加负荷式结构

4. 滚珠丝杠螺母副的参数和选择

如图 3 – 25 所示，滚珠丝杠副的基本参数有：

（1）公称直径 d_0：滚珠与螺纹滚道在理论接触角状态时包络滚珠球心的圆柱直径，它是滚珠丝杠副的特性尺寸。

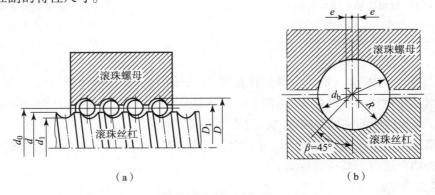

（a）   （b）

图 3 – 25 滚珠丝杠副的基本参数

（2）基本导程 L_0：丝杠相对于螺母旋转 2π 弧度时，螺母上基准点的轴向位移。

（3）接触角 β：滚珠与滚道在接触点处的公法线和螺纹轴线的垂直线间的夹角，理想接触角为 $45°$。

此外，还有丝杠螺纹大径 d、丝杠螺纹小径 d_1、螺纹全长 l、滚珠直径 d_b、螺母螺纹大径 D、螺母螺纹小径 D_1 和滚道圆弧半径 R 等参数。

导程的大小根据机床的加工精度要求确定，精度要求高时，应将导程取小些，可减小丝杠上的摩擦阻力，但导程取小后，势必将滚珠直径 d_b 取小，使滚珠丝杠副的承载能力降低。若丝杠副的公称直径 d_b 不变，导程小，则螺旋升角也小，传动效率 η 也变小。因此，导程的数值在满足机床加工精度的条件下应尽可能取大些。

公称直径 d_0 与承载能力直接相关，有的资料推荐滚珠丝杠副的公称直径 d_0 应大于丝杠工作长度的 $1/30$。数控机床常用的进给丝杠，公称直径 $d_0 = 20 \sim 80mm$。

由试验结果可知，滚珠丝杠各工作圈滚珠所受的轴向负载不相等，第一圈滚珠承受总负载的 50% 左右，第二圈约承受 30%，第三圈约为 20%。因此，外循环滚珠丝杠副中的滚珠工作圈数取为 $j = 2.5 \sim 3.5$ 圈，工作圈数大于 3.5 无实际意义。为提高滚珠的流畅性，滚珠数目应小于 150 个，且不得超过 3.5 圈。

5. 滚珠丝杠螺母副的计算

滚珠丝杠螺母副的承载能力用额定负荷表示，其动、静载强度计算原则与滚动轴承相类似。一般根据额定动负荷选用滚珠丝杠副，只有当 $n \leq 10r/min$ 时，按额定静负荷选用。对于细长且承受压缩的滚珠丝杠副，需作压杆稳定性计算；对于高速、支承距大的滚珠丝杠副，需要做临界转速的校核；对于精度要求高的传动要进行刚度验算、转动惯量校核；对闭环控制系统还要进行谐振频率的验算。在选择滚珠丝杠螺母的过程中，一般首先根据动载强度计算或静载强度计算来确定其尺寸规格，然后对其刚度和稳定性进行校核计算。

6. 滚珠丝杠螺母副的安装支承方式

数控机床及加工中心的进给系统要获得较高的传动刚度，除了加强滚珠丝杠副本身的刚度外，滚珠丝杠的正确安装及支承结构的刚度也是不可忽视的因素。为了减小受力后的变形，可采取螺母座设置加强肋，增大螺母座与机床的接触面积，且连接可靠等。安装丝杠支承采用高刚度的推力轴承，以提高滚珠丝杠的轴向承载能力。

滚珠丝杠的支承方式有以下几种，如图 3-26 所示。

（1）图 3-26（a）所示为一端装角接触轴承：这种安装方式只适用于行程小的短丝杠，它的承载能力小，轴向刚度低。一般用于数控机床的调节环节或升降台式铣床的垂直坐标进给传动结构。

（2）图 3-26（b）所示为一端装角接触轴承，另一端装向心球轴承：此种方式用于丝杠较长的情况，当热变形造成丝杠伸长时，其一端固定，另一端能做微量的轴向浮动。

（3）图 3-26（c）所示为两端装推力轴承：把推力轴承装在滚珠丝杠的两端，并施加预紧力，可以提高轴向刚度，但这种安装方式对丝杠的热变形较为敏感。

（4）图 3-26（d）所示为两端装推力轴承和向心球轴承：它的两端均采用双重支承并施加预紧，使丝杠具有较大的刚度，这种方式还可使丝杠的温度变形转化为推力轴承的预紧力，但设计时要求提高推力轴承的承载能力和支架刚度。

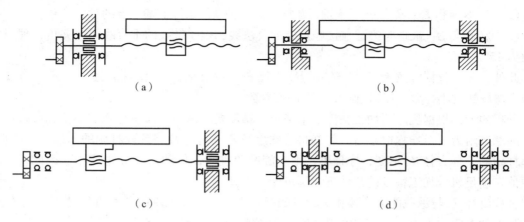

图 3 – 26　滚珠丝杠支承方式

（a）仅一端装角接触轴承；（b）一端装角接触轴承，另一端装向心球轴承；
（c）两端装推力轴承；（d）两端装推力轴承和向心球轴承

　　滚珠丝杠螺母副传动效率很高，但不能自锁，当用在垂直传动或水平放置的高速大惯量传动中时，必须装制动装置。常采用超越离合器、电磁摩擦离合器或者使用具有制动装置的伺服驱动电动机制动。

　　滚珠丝杠螺母副必须采用锂基润滑进行润滑，同时要采用防尘密封装置。如用接触式或非接触式密封圈、螺旋式弹簧钢带或折叠式塑性人造革防护罩，以防尘土及硬性杂质进入丝杠。

3.4.4　传动齿轮间隙消除机构

　　由于数控机床及加工中心进给系统的传动齿轮副存在间隙，在开环系统中会造成进给运动的位移值滞后于指令值；反向时，会出现反向死区，影响加工精度。在闭环系统中，由于有反馈作用，滞后量虽可得到补偿，但反向时会使伺服系统产生振动而不稳定。为了提高数控机床伺服系统的性能，可采用下列方法减小或消除齿轮传动间隙。

3.4.4.1　刚性调整法

　　刚性调整法是一种调整后齿侧间隙不能自动补偿的调整方法。因此，齿轮的齿距公差及齿厚要严格控制，否则传动的灵活性会受到影响。这种调整方法结构比较简单，且具有较好的传动刚度。

　　图 3 – 27 所示为用偏心轴套来调整间隙的结构——偏心套调整结构，电动机 2 通过偏心轴套 1 安装在壳体上，小齿轮装在偏心轴套 1 上，可以通过偏心轴套 1 调整主动齿轮和从动齿轮之间的中心距，来消除齿轮传动副的齿侧间隙。

　　图 3 – 28 所示为用一个带有锥度的齿轮来消除间隙的结构——轴向垫片调整结构，一对啮合着的圆柱齿轮，它们的节圆直径沿着齿厚方向制成一个较小的锥度，只要改变垫片 3 的厚度就能改变齿轮 2 和齿轮 1 的轴向相对位置，从而消除齿侧间隙。

　　图 3 – 29 所示为斜齿轮传动齿侧间隙的消除方法——斜齿轮垫片调整结构，基本是用两

个薄片齿轮 1、2 与宽齿轮 4 啮合，只是在两个薄片齿轮的中间用垫片 3 隔开了一小段距离，以使螺旋线错开。改变垫片 3 的厚度，可使薄片齿轮 1、2 分别与宽齿轮 4 齿槽的左、右侧面贴紧，从而达到消除齿侧间隙的目的。垫片 3 的厚度 t 与齿侧间隙 Δ 的关系可用下式表示：

$$t = \Delta \cot\beta$$

式中，β——螺旋角。

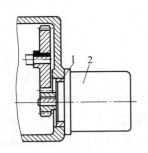

图 3 - 27　偏心套调整结构

1—偏心轴套；2—电动机

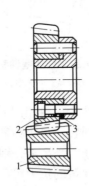

图 3 - 28　轴向垫片调整结构

1，2—齿轮；3—垫片

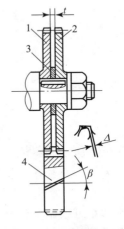

图 3 - 29　斜齿轮垫片调整结构

1，2—薄片齿轮；3—垫片；4—宽齿轮

3.4.4.2　柔性调整法

柔性调整法是指调整之后齿侧间隙仍可自动补偿的调整方法，这种方法一般都通过调整压力弹簧的压力来消除齿侧间隙，并在齿轮的齿厚和齿距有变化的情况下，也能保持无间隙啮合。但这种结构较复杂，轴向尺寸大，传动刚度低，且传动平稳性较差。

图 3 - 30 所示为斜齿轮轴向压簧调整，两个薄片斜齿轮 1 和 2 用键滑套在轴 5 上，用螺母 4 来调节压力弹簧 3 的轴向压力，使斜齿轮 1 和 2 的左、右齿面分别与宽斜齿轮 6 齿槽的左、右侧面贴紧。

图 3 - 31 所示为锥齿轮轴向压簧调整，两个啮合着的锥齿轮 1 和 2，其中在装锥齿轮 1 的传动轴 5 上装有压力弹簧 3，锥齿轮 1 在弹簧力的作用下可稍做轴向移动，从而消除间隙。弹簧力的大小由螺母 4 调节。

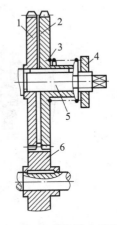

图 3 - 30　斜齿轮轴向压簧调整

1，2—斜齿轮；3—压力弹簧；
4—螺母；5—轴；6—宽斜齿轮

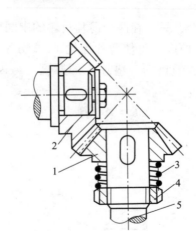

图 3 – 31　锥齿轮轴向压簧调整

1，2—锥齿轮；3—压力弹簧；4—螺母；5—轴

　　图 3 – 32 所示为斜齿轮周向弹簧调整，两个齿数相同的薄片齿轮 1 和 2 与另一个宽齿轮相啮合，齿轮 1 空套在齿轮 2 上，可以相对回转。每个齿轮端面分别装有凸耳 3 和 8，齿轮 1 的端面还有 4 个通孔，凸耳 8 可以从中穿过，弹簧 4 分别钩在调节螺钉 7 和凸耳 3 上。旋转螺母 5 和 6 可以调整弹簧 4 的拉力，通过弹簧的拉力可以使薄片齿轮错位，即两片薄齿轮的左、右齿面分别与宽齿轮齿槽的右、左贴紧，消除了齿侧间隙。

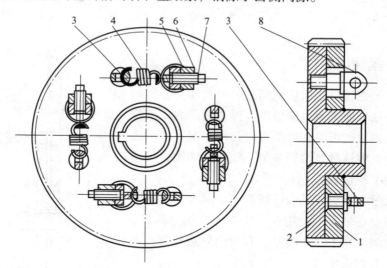

图 3 – 32　斜齿轮周向弹簧调整

1，2—齿轮；3，8—凸耳；4—弹簧；5，6—旋转螺母；7—调节螺钉

　　图 3 – 33 所示为锥齿轮周向弹簧调整。将一对啮合锥齿轮中的一个齿轮做成大小两片 1 和 2，在大片上制有三个圆弧槽，而在小片的端面上制有三个凸爪 6，凸爪 6 伸入大片的圆弧槽中。弹簧 4 一端顶在凸爪 6 上，而另一端顶在镶块 3 上。为了安装方便，用螺钉 5 将大小片齿圈相对固定，安装完毕之后将螺钉卸去，利用弹簧力使大、小片锥齿轮稍微错开，从而达到消除间隙的目的。

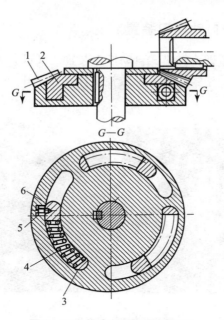

图 3 - 33　锥齿轮周向弹簧调整
1，2—锥齿轮；3—镶块；4—弹簧；5—螺钉；6—凸爪

3.5　加工中心的自动换刀装置

自动换刀装置（Automatic Tool Changer，ATC）是加工中心的重要组成部分，其主要作用在于减少加工过程中的非切削时间，以提高生产率、降低生产成本，进而提升机床乃至整个生产线的生产能力。所以 ATC 在加工中心中扮演着极为重要的角色。

加工中心与一般数控机床的显著区别是具有对零件进行多工序加工的能力，即能在一次装夹中自动完成铣、镗、钻、扩、铰、攻螺纹和内槽加工等。其之所以有这种加工能力，就是因为它有一套自动换刀装置。自动换刀装置是指能够自动完成主轴与刀具储存位置之间刀具交换的装置。ATC 的主要组成部分是刀库、机械手和驱动装置。刀库的功能是存储刀具并把下一把即将要用的刀具准确地送到换刀位置，供换刀机械手完成新旧刀具的交换。当刀库容量大时，常远离主轴配置且整体移动不易，这就需要在主轴和刀库之间配置换刀机构来执行换刀动作。完成此功能的机构包括送刀臂、摆刀站和换刀臂，总称为机械手。机械手的功能是完成刀具的装卸及其在主轴头与刀库之间的传递。驱动装置则是使刀库和机械手实现其功能的装置，一般由步进电动机、液压（气动）机构或凸轮机构组成。

3.5.1　自动换刀装置的分类

加工中心自动换刀装置根据其组成结构可分为不带刀库的自动换刀装置和带刀库的自动换刀装置。

3.5.1.1 不带刀库的自动换刀装置

不带刀库的自动换刀装置即为转塔式自动换刀装置，又可分为回转刀架式和转塔头式两种，如图 3-34 所示。回转刀架式用于各种数控车床和车削中心，转塔头式多用于数控钻、镗和铣床。

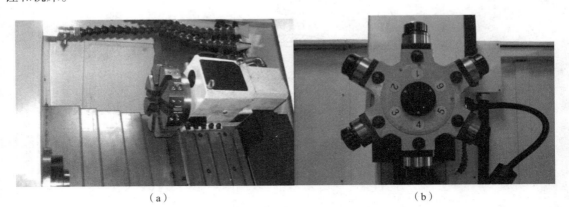

（a）   （b）

图 3-34　不带刀库的自动换刀装置

（a）回转刀架式自动换刀装置；（b）转塔头式自动换刀装置

3.5.1.2 带有刀库的自动换刀装置

带刀库的自动换刀装置又分为无机械手式自动换刀装置和有机械手式自动换刀装置。

1. 无机械手式自动换刀装置

其是把刀库放在主轴箱可以运动到的位置，或整个刀库、某一刀位能移动到的主轴箱可以到达的位置。同时刀库中刀具的存放方向一般与主轴箱的装刀方向一致。换刀时，由主轴和刀库的相对运动进行换刀动作，利用主轴取走或放回刀具，其刀库一般为盘式，适用于立式加工中心。图 3-35 所示为无机械手式自动换刀装置的立式加工中心。

在图 3-35 中，立式加工中心配置的是斗笠式刀库。斗笠式刀库，顾名思义，形状像斗笠，结构上为盘式刀库，换刀方式属于无机械手换刀装置，它由刀库横移装置、刀库分度选刀装置以及主轴上的刀具自动装卸机构组成。斗笠式刀库换刀的步骤为：

（1）主轴准停，主轴体快速移至换刀位置；

（2）刀库气缸推动刀库前进接刀；

（3）主轴松刀、吹气；

（4）主轴快速往上移，离开换刀位置；

（5）刀库选刀；

（6）主轴快速移至换刀位置抓刀；

（7）刀库气缸退回；

（8）换刀完成。

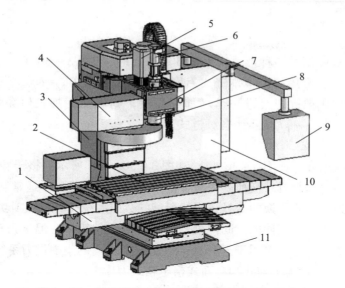

图 3 – 35　无机械手式自动换刀装置的立式加工中心

1—滑鞍；2—工作台；3—立柱；4—斗笠式刀库；5—主轴电动机；6—打刀缸；

7—主轴箱；8—主轴；9—按钮站；10—电气箱；11—底座

2. 有机械手式自动换刀装置

有机械手式自动换刀装置一般由机械手和刀库组成，其刀库的配置、位置及数量的选用要比无机械手式换刀装置灵活得多。它可以根据不同的要求，配置不同形式的机械手，可以是单臂的、双臂的，甚至可以配置成一个主机械手和一个辅助机械手的形式。它能够配备多至数百把刀具的刀库，换刀时间可缩短到几秒甚至零点几秒。因此，目前大多数加工中心都装配了有机械手式自动换刀装置。由于刀库位置和机械手换刀动作的不同，其自动换刀装置的结构形式也多种多样。

3.5.2　刀库

3.5.2.1　刀库的类型

刀库做成不同的形式和容量主要是为了满足机床的工艺范围。图 3 – 36 所示为常见几种刀库的结构形式。

1. 直线刀库

如图 3 – 36（a）所示，刀具在刀库中直线排列，结构简单，存放刀具数量有限（一般为 8 ~ 12 把），多用于数控车床，数控钻床也有采用。

2. 圆盘刀库

如图 3 – 36（b）~图 3 – 36（g）所示，其存刀量少则 6 ~ 8 把，多则 50 ~ 60 把，并且有多种形式。如图 3 – 36（b）所示的刀库，刀具径向布置，占有较大空间，一般置于机床立柱上端；如图 3 – 36（c）所示的刀库，刀具轴向布置，常置于主轴侧面，刀库轴心线可垂直放置，也可水平放置，其使用较为广泛；如图 3 – 36（d）所示的刀库，刀具为伞状布置，多斜放于立柱上端。

3. 链式刀库

链式刀库是较常使用的一种形式，如图 3 - 36（h）和图 3 - 36（i）所示，这种刀库的刀座固定在链节上，常用的有单排链式刀库，如图 3 - 36（h）所示，一般存刀量小于30 把，个别能达到 60 把；若要进一步增加存刀量，则可使用加长链条的链式刀库，如图 3 - 36（i）所示。图 3 - 37 所示为各种链式刀库。

4. 其他刀库

刀库的形式还有很多，如图 3 - 36（j）和图 3 - 36（k）所示的格子箱式刀库，其刀库容量较大，可使整箱刀库与机外交换。为减少换刀时间，换刀机械手通常利用前一把刀具加工工件的时间，预先取出要更换的刀具，当然所配的数控系统应具备该项功能。这种刀库的占地面积小，结构紧凑，在相同的空间内可容纳的刀具数量较多，但选刀和取刀动作复杂，已经很少用于单机加工中心，多用于 FMS（柔性制造系统）的集中供刀系统。图 3 - 36（j）和图 3 - 36（k）所示分别为单面式和多面式格子箱式刀库。

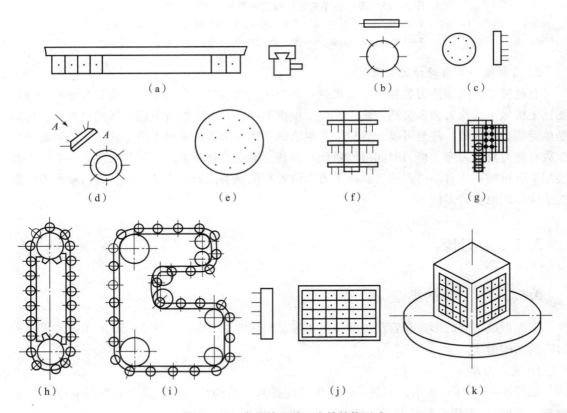

图 3 - 36 常见的几种刀库的结构形式

（a）直线刀库；（b）刀具径向布置的圆盘刀库；（c）刀具轴向布置的圆盘刀库；（d）刀具伞状布置的圆盘刀库；

（e）刀具多圆布置的圆盘刀库；（f）多层圆盘刀库；（g）多排圆盘刀库；（h）单排链式刀库；

（i）加长链条的链式刀库；（j）单面式格子箱刀库；（k）多面式格子箱刀库

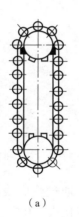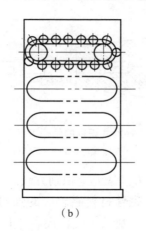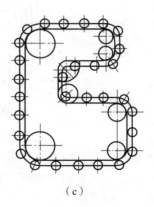

（a）　　　　　　　　　　（b）　　　　　　　　　　　（c）

图 3 – 37　各种链式刀库

（a）单排链式刀库；（b）多排链式刀库；（c）加长链条的链式刀库

3.5.2.2　刀具的选择

按数控装置的刀具选择指令，从刀库中挑选各工序所需要的刀具的操作称为自动选刀。常用的选刀方式有顺序选刀和任意选刀两种。

顺序选择方式是将刀具按加工工序的顺序，依次放入刀库的每一个刀座内，刀具顺序不能搞错。更换加工工件时，刀具在刀库上的排列顺序也要改变。这种方式的缺点是同一工件上的相同刀具不能重复使用，因此刀具的数量增加，降低了刀具和刀库的利用率，但其控制方法及刀库运动方式比较简单。

任意选刀方式是预先把刀库中每把刀具（或刀座）都编上代码，按照编码选刀，刀具在刀库中不必按工件的加工顺序排列。任意选刀有四种方式：刀具编码方式，刀座编码方式，附件编码方式，计算机记忆方式。

（1）刀具编码选择方式采用了一种特殊的刀柄结构，并对每把刀具进行编码。换刀时通过编码识别装置，根据换刀指令代码，在刀库中寻找出所需要的刀具。由于每一把刀具都有自己的代码，因而刀具可以放入刀库的任何一个刀座内，这样不仅刀库中的刀具可以在不同的工序中多次重复使用，而且换下来的刀具也不必放回原来的刀座，这对装刀和选刀都十分有利。

刀具编码识别有两种方式，一种为接触式识别，另一种为非接触式识别。

①接触式识别的编码刀柄如图 3 – 38 所示。在刀柄尾部的拉紧螺杆 3 上装着一组等间隔的编码环 1，并由锁紧螺母 2 将它们固定。编码环的外径有大小两种不同的规格，每个编码环的大小分别表示二进制数的"1"和"0"。通过对两种圆环的不同排列，可以得到一系列的代码。当刀库中带有编码环的刀具依次通过编码识别装置时，就能根据编码环的大小使相应的触针读出每一把刀具的代码。如果读出的代码与指令要求选择刀具的代码一致，则发出信号使刀库停止回转，这时加工所需要的刀具就准确地停留在取刀位置上，然后由机械手从刀库中将刀具取出。接触式编码识别装置的结构简单，但可靠性较差、寿命较短，而且不能快速选刀。

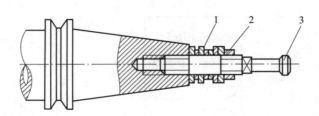

图3-38 接触式识别的编码刀柄
1—编码环；2—锁紧螺母；3—拉紧螺杆

②非接触式刀具识别采用磁性识别方法或光电识别方法。

磁性识别方法是利用磁性材料和非磁性材料磁感应的强弱不同，通过感应线圈读取代码。编码环分别由软钢和黄铜（或塑料）制成，前者代表"1"，后者代表"0"，将它们按规定的编码排列。当编码环通过感应线圈时，只有对应于软钢圆环的那些感应线圈才能感应出电信号"1"，而对应于黄铜的感应线圈状态保持"0"不变，从而读出每一把刀具的代码。磁性识别装置没有机械接触和磨损，因此可以快速选刀，而且具有结构简单、工作可靠和寿命长等优点。

光电识别方法的原理如图3-39所示。链式刀库带着刀座1和刀具2依次经过刀具识别位置Ⅰ，在位置Ⅰ处安装有投光器3，通过光学系统将刀具的外形及编码环投影到由无数光敏元件组成的屏板5上形成刀具图样。装刀时，屏板5将每一把刀具的图样转换成对应的脉冲信息，经过处理后将每一把刀具的"图形信息码"存入存储器中。选刀时，当某一把刀具在识别位置出现的"图形信息码"与存储器内指定刀具的"图形信息码"相一致时，便发出指令，使该刀具停在换刀位置Ⅱ，由机械手4将刀具取出。这种识别系统不但能识别编码，还能识别图样，因此给刀具的管理带来了方便。

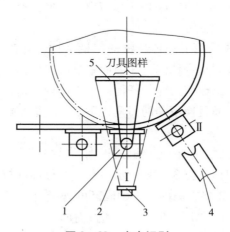

图3-39 光电识别
1—刀座；2—刀具；3—投光器；4—机械手；5—屏板

（2）刀座编码是对刀库中所有刀座预先编码，每把刀具放入相应刀座之后，就具有了相应刀座的编码，即刀具在刀库中的位置是固定的。在编程时，要指出哪一把刀具放在哪个刀座上。必须注意的是，在这种编码方式中必须将用过的刀具放回原来的刀座内，不然会造成事故。由于这种编码方式取消了刀柄中的编码环，故使刀柄结构大大简化，刀具识别装置的结构也不受刀柄尺寸的限制，可放置在较为合理的位置。刀具在加工过程中可重复多次使用，缺点是必须把用过的刀具放回原来的刀座。

目前应用最多的是计算机记忆式选刀。这种方式的特点是：刀具号和存刀位置或刀座号（地址）对应地存放在计算机的存储器或可编程控制器的存储器中，不论刀具原来存放在哪个刀座上，都按新的对应关系重新存放，这样刀具可以在任意位置（地址）存取；刀具本身不必设置编码元件，结构大为简化，控制也十分简单。计算机控制的机床几乎全部采用这种方式选刀。

在刀库机构中通常设有刀库零位，执行自动选刀时，刀库可以正、反方向回转，每次选刀运动不会超过一圈的 1/2。

3.5.3　机械手

在自动换刀加工中心中，机械手的形式也是多种多样的，常见的有如图 3 - 40 所示的几种形式。

图 3 - 40（a）所示为单臂单爪回转式机械手，其手臂可以回转不同的角度进行自动换刀，手臂上只有一个夹爪，不论是在刀库还是在主轴上，均靠这一个夹爪来装刀和卸刀，因此换刀时间较长。

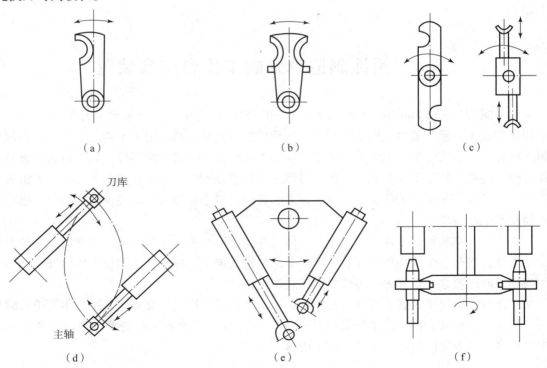

图 3 - 40　加工中心的自动换刀装置中常见的机械手形式

（a）单臂单爪回转式机械手；（b）单臂双爪摆动式机械手；（c）单臂双爪回转式机械手；
（d）双机械手；（e）双臂往复交叉式机械手；（f）双臂端面夹紧式机械手

图 3 - 40（b）所示为单臂双爪摆动式机械手，其手臂上有两个夹爪，两个夹爪有所分工，一个夹爪只执行从主轴上取下"旧刀"送回刀库的任务，另一个夹爪则执行由刀库取出"新刀"送到主轴的任务，其换刀时间较上述单爪回转式机械手要短。

图 3 - 40（c）所示为单臂双爪回转式机械手，又叫扁担式机械手，其手臂两端各有一个夹爪，两个夹爪可同时抓取刀库及主轴上的刀具，回转 180°后又同时将刀具放回刀库及装入主轴。换刀时间较以上两种单臂机械手均短，是目前加工中心上使用较多的一种。

如图 3 - 40（c）所示，机械手在抓取刀具或将刀具送入刀库及主轴时，两臂可伸缩。

图 3 - 40（d）所示为双机械手，其机械手相当于两个单臂单爪机械手相互配合起来进行自动换刀。其中一个机械手从主轴上取下"旧刀"送回刀库，另一个机械手由刀库中取出"新刀"装入机床主轴。

图 3 - 40（e）所示为双臂往复交叉式机械手，其两手臂可以往复运动，并交叉成一定的角度。一个手臂从主轴上取下"旧刀"送回刀库，另一个机械手由刀库中取出"新刀"装入主轴。整个机械手可沿某导轨直线移动或绕某个转轴回转，以实现刀库与主轴间的换刀运动。

图 3 - 40（f）所示为双臂端面夹紧式机械手，其只是在夹紧部位上与前几种不同。前几种机械手均靠夹紧刀柄的外圆表面抓取刀具，这种机械手则夹紧刀柄的两个端面。

3.6 柔性制造单元的工作台交换装置

柔性制造单元（Flexible Manufacturing Cell，FMC）是由一台或数台数控机床或加工中心构成的加工单元。该单元根据需要可以自动更换刀具和夹具，加工不同的工件。柔性制造单元适合加工形状复杂、加工工序简单、加工工时较长、批量小的零件。它有较大的设备柔性，但人员柔性和加工柔性低。工作台自动交换装置（APC）是柔性制造单元的重要组成部件之一，其作用是携带工件在工位及机床之间转换，减小定位误差，减少装夹时间，提高加工精度及生产效率。

工作台交换装置即工件交换系统，具体是在加工第一个工件时，操作者开始安装调整第二个工件，当第一个工件加工完后，第二个工件进入加工区加工，从而使工件的安装调整时间与加工时间重合，达到进一步提高加工效率的目的。

工作台自动交换装置主要有两大类型，一个是回转交换式，交换空间小，多为单机时使用；另一个是移动交换式，工作台沿导（滑）轨移至工作位置进行交换，多用于立式加工中工位多、内容多的情况，如图 3 - 41 所示。

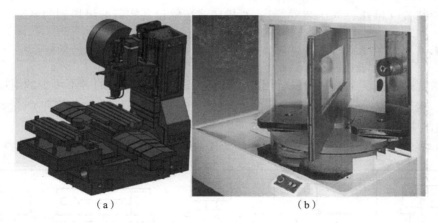

（a）　　　　　　　　　　　　　　　　（b）

图 3 – 41　工作台自动交换装置
（a）立式加工中心的双工位工作台交换装置；（b）卧式加工中心的双工位工作台交换装置

3.7　柔性制造系统的零件转运机器人及 AGV 小车

柔性制造系统是以数控机床或加工中心为基础，配以物料传送装置组成的生产系统。该系统由电子计算机实现自动控制，能在不停机的情况下满足多品种的加工。柔性制造系统适合加工形状复杂、加工工序多、批量大的零件。其加工和物料传送柔性大，但人员柔性仍然较低。

3.7.1　柔性制造系统的构成

就机械制造业的柔性制造系统而言，其基本组成部分有以下几种。

3.7.1.1　自动加工系统

自动加工系统是指以成组技术为基础，把外形尺寸（形状不必完全一致）和重量大致相似及材料相同、工艺相似的零件集中在一台或数台数控机床或专用机床等设备上加工的系统。

3.7.1.2　物流系统

物流系统是指由多种运输装置构成，如传送带、轨道、转盘以及机械手等，完成工件、刀具等的供给与传送的系统，它是柔性制造系统主要的组成部分。

3.7.1.3　信息系统

信息系统是指对加工和运输过程中所需各种信息收集、处理、反馈，并通过电子计算机

或其他控制装置（液压、气压装置等），对机床或运输设备实行分级控制的系统。

3.7.1.4 软件系统

软件系统是指保证柔性制造系统用电子计算机进行有效管理的必不可少的组成部分。它包括设计、规划、生产控制和系统监督等软件。柔性制造系统适合于年产量在 1 000 ~ 100 000 件的中小批量生产。

图 3 – 42 所示为用于加工回转体零件的柔性制造系统。

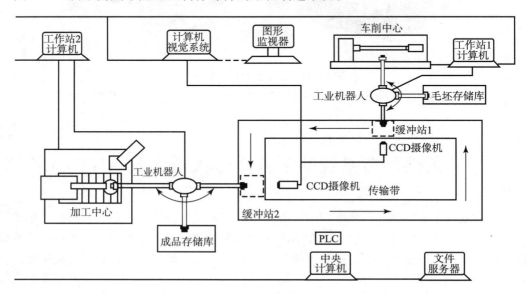

图 3 – 42　用于加工回转体零件的柔性制造系统

3.7.2　柔性制造系统的零件转运机器人

零件转运机器人是可以进行自动化转运作业的工业机器人，转运作业是指用一种设备握持工件，并将工件从一个加工位置移到另一个加工位置。转运机器人可安装不同的末端执行器以完成各种不同形状和状态的工件搬运工作，大大减轻了人类繁重的体力劳动。转运机器被广泛应用于机床上下料、冲压机自动化生产线、自动装配流水线、码垛搬运和集装箱等的自动搬运。

机床上下料机器人可分为关节式机床上下料机器人［见图 3 – 43（a）］和坐标式机床上下料机器人［见图 3 – 43（b）］。其中，关节式机床上下料机器人工作效率高，动作节拍快，占地空间小，但是成本投入相对高一些；坐标式机床上下料机器人工作效率高，占地空间相对大一些，但是成本的投入要少很多。这两种形式的选择还要由现场的工艺及要求来决定。

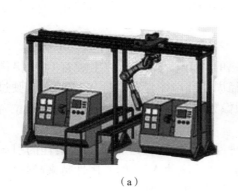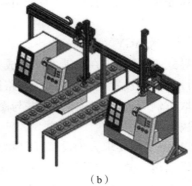

（a）　　　　　　　　　　　　　　　　　　（b）

图 3 – 43　机床上下料机器人

（a）关节式机床上下料机器人；（b）坐标式机床上下料机器人

3.7.3　物流搬运机器人 – AGV

AGV（Automated Guided Vehicles）又名无人搬运车、自动导航车、激光导航车，其显著的特点是无人驾驶。AGV 上装备有自动导向系统，可以保障系统在不需要人工引航的情况下就能够沿预定的路线自动行驶，将货物或物料自动从起始点运送到目的地。AGV 的另一个特点是柔性好，自动化程度和智能化水平高，AGV 的行驶路径可以根据仓储货位要求、生产工艺流程等的改变而灵活改变，并且运行路径改变的费用与传统的输送带和刚性的传送线相比非常低廉。AGV 一般配备有装卸机构，可以与其他物流设备自动接口，实现货物和物料的装卸与搬运全过程自动化。此外，AGV 还具有清洁生产的特点，AGV 依靠自带的蓄电池提供动力，运行过程中无噪声、无污染，可以应用于许多要求工作环境清洁的场所。

3.7.3.1　AGV 的种类

AGV 从发明至今已经有 50 年的历史，随着应用领域的扩展，其种类和形式变得多种多样。通常根据 AGV 自动行驶过程中的导航方式将 AGV 分为以下几种类型。

1. 电磁感应引导式 AGV

电磁感应引导式一般是在地面上，沿预先设定的行驶路径埋设电线，当高频电流流经导线时，导线周围产生电磁场，AGV 上左右对称安装有两个电磁感应器，它们所接收的电磁信号的强度差异可以反映 AGV 偏离路径的程度。AGV 的自动控制系统根据这种偏差来控制车辆的转向，连续的动态闭环控制能够保证 AGV 对设定路径的稳定自动跟踪。这种电磁感应引导式导航方法目前在绝大多数商业化的 AGVS 上使用，尤其适用于大中型的 AGV。

2. 激光引导式 AGV

该种 AGV 上安装有可旋转的激光扫描器，在运行路径沿途的墙壁或支柱上安装有高反光性反射板的激光定位标志，AGV 依靠激光扫描器发射激光束，然后接收由四周定位标志反射回来的激光束，车载计算机计算出车辆当前的位置以及运动的方向，通过和内置的数字地图进行对比来校正方位，从而实现自动搬运。

目前，该种 AGV 的应用越来越普遍，并且依据同样的引导原理，若将激光扫描器更换为红外发射器或超声波发射器，则激光引导式 AGV 可以变为红外引导式 AGV 和超声波引导式 AGV。

3. 视觉引导式 AGV

视觉引导式 AGV 是正在快速发展和成熟的 AGV，该种 AGV 上装有 CCD 摄像机和传感器，在车载计算机中设置有 AGV 欲行驶路径周围环境图像数据库。AGV 在行驶过程中，摄像机动态获取车辆周围环境图像信息并与图像数据库进行比较，从而确定当前位置并对下一步行驶做出决策。

这种 AGV 由于不要求人为设置任何物理路径，因此在理论上具有最佳的引导柔性。随着计算机图像采集、储存和处理技术的飞速发展，该种 AGV 的实用性越来越强。

此外，还有铁磁陀螺惯性引导式 AGV、光学引导式 AGV 等多种形式的 AGV。

3.7.3.2 AGV 的应用

柔性制造系统中的立体仓库模块，需要对毛坯、半成品和成品进行搬运、入库及出库等操作。AGV 机器人能方便地实现自动出入装卸站、工作台和货架等，充分适应柔性高、物流量大和搬运线路复杂等要求。

作业流程如下。

（1）入库：整个柔性制造系统上的某个工位向系统提出入库的明确要求，这些要求主要有零部件名称和数量等，系统响应后，上位机通过无线网络给 AGV 上工控机发出指令，明确地通知 AGV 机器人搬运零件至对应仓位。

（2）AGV 机器人从装卸站抓取零件，并根据当前的状态、位置和任务等规划运动路径，运行到相应的仓位，准停。

（3）AGV 机器人根据目标位置自动将零件放置到对应的仓位。

（4）AGV 机器人通过无线网络向上位机发送当前的位置和状态，上位机根据当前状态更新数据库。

（5）出库：系统以指令形式通知 AGV 机器人从库内特定仓位取出零件至装卸站。

（6）AGV 机器人从仓库特定库架抓取零件，并根据当前的位置规划运动路径，运行至装卸站，准停。

（7）AGV 机器人根据目标位置自动将零件放置到装卸站缓冲区。

（8）AGV 机器人通过无线网络向上位机发送当前位置和状态；上位机根据当前状态更新数据库。

不断重复（1）~（8）的过程。

本章小结

本章首先描述了数控机床及加工中心的主体——机械本体的构成部件和系统，并详细介绍了机械本体的特点。数控机床及加工中心的主要基础件有床身、立柱、工作台、底座和导轨，需掌握它们在数控机床中的作用。数控机床与加工中心有主传动系统和进给传动系统两大重要系统，本章学习了主传动系统和进给传动系统的特点，并讲解了主传动系统的分类方式。加工中心的主动换刀装置在提高生产率、降低生产成本方面起着至关重要的作用。柔性制造系统的零件转运机器人及 AGV 小车可以进行自动化转运作业，工作灵活、易操作，可以适应多种工作环境。

习　题

3-1　简述数控机床及加工中心常用导轨的种类和特点。

3-2　数控机床及加工中心对主传动系统有哪些要求？

3-3　简述主传动变速的方式及各自的特点。

3-4　主轴箱有几种结构形式？各应用于何种场合？

3-5　主轴轴承的配置形式有几种？各有何优缺点？

3-6　主轴为何需要"准停"？如何实现"准停"？

3-7　数控机床及加工中心对进给传动系统有哪些要求？

3-8　滚珠丝杠螺母副的特点是什么？

3-9　滚珠丝杠螺母副的滚珠有哪两类循环方式？常用的结构形式是什么？

3-10　试简述滚珠丝杠螺母副轴向间隙调整和预紧的基本原理。

3-11　滚珠丝杠螺母副在机床上的支承方式有几种？各有何优缺点？

3-12　齿轮传动间隙的消除有哪些措施？各有何优缺点？

3-13　加工中心的自动换刀装置有哪几种？刀库的分类有哪些？

3-14　常见的机械手有几种形式？各有何特点？

3-15　柔性制造单元工作台交换装置的作用是什么？用于何种场合？

3-16　简述柔性制造系统的构成。

3-17　简述 AGV 小车的种类及特点。

第4章　数控系统 CNC

4.1　数控系统 CNC 的基本概念

计算机数字控制系统（Computer Numerical Control）简称 CNC 系统，是一种用计算机通过执行器内的程序来实现数字控制功能，并配有接口电路和伺服驱动装置的专用计算机系统。在 CNC 系统的控制下，自动地按给定的加工程序运行轨迹加工出工件，所以 CNC 系统是包含计算机在内的数字控制系统。

4.1.1　数控系统简介

自 1952 年出现第一台数控铣床以后，一直采用硬件数控装置对机床进行控制，简称 NC 装置，经过大约 20 年的时间，到 1971 年引入了计算机控制。一开始 CNC 系统中用小型计算机代替传统的硬件数控（NC），随着计算机技术的发展，现代数控机床大多采用成本低、功能强和可靠性高的微型计算机取代小型计算机进行机床数字控制，简称 MNC，但是人们习惯上还是称它们为 CNC。采用计算机控制和采用微型计算机控制的工作原理基本相同。

CNC 系统是一种位置控制系统。其控制过程是根据输入的信息（加工程序），进行数据处理和插补运算，获得理想的运动轨迹信息，然后输出到执行部件，加工出所需要的工件。CNC 系统的核心是 CNC 装置。由于采用了计算机，使 CNC 装置的性能和可靠性提高，促使 CNC 系统迅速发展。

4.1.2　数控系统的组成

CNC 装置主要由硬件和软件两大部分组成，两者的关系是密不可分的。硬件为软件提供了活动舞台，是软件的肌体，而软件则是整个系统的灵魂。数控系统是在软件的控制下，有条不紊地进行工作的。

CNC 装置的软件是为完成 CNC 数控机床的各项功能而专门设计和编制的，是一种专用软件，结构取决于软件的分工，也取决于软件本身的工作特点。软件功能是 CNC 装置的功能体现。一些厂商生产的 CNC 装置，硬件设计好后基本不变，而软件功能不断升级，以满足制造业发展的要求。

4.1.2.1　CNC 装置软硬件的分工

在 CNC 装置中，软件和硬件的分工是由性能价格比决定的。在现代 CNC 装置中，软件和硬件的分工是不固定的。图 4-1 所示为数控系统软硬件分工的 4 种形式。

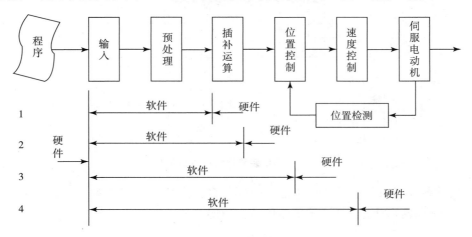

图 4-1　CNC 装置软硬件的分工

4.1.2.2　CNC 装置的硬件构成

如图 4-2 所示，CNC 装置的硬件除了一般计算机具有的微型处理器（CPU）、可编程只读存储器（EPROM）、随机存储器（RAM）、输入/输出（I/O）接口外，还具有数控要求的专用接口和部件，即位置控制器、纸带阅读机接口、手动数据输入（MDI）接口和视频显示（CRT）接口。因此，CNC 装置是一种专用计算机。

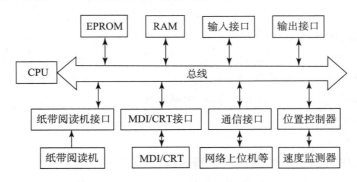

图 4-2　CNC 装置硬件构成框图

可编程只读存储器（EPROM）又称程序存储器，用来存放 CNC 软件。随机存储器（RAM）又称数据存储器，用来存放用户编写的加工程序和加工运算的中间结果。

4.1.2.3　CNC 软件构成

如图 4-3 所示，CNC 软件是为实现 CNC 系统各项功能而编制的专用软件，又称系统软件，分管理软件和控制软件两大部分。在系统软件的控制下，CNC 装置对输入的加工程序自动进行处理并发出相应的控制指令，使机床运动并加工工件。

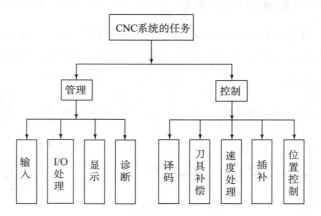

图4-3　CNC装置系统软件构成框图

CNC软件系统采用了计算机软件技术中的许多先进技术，其中多任务并行处理和多重实时中断两项技术的运用是CNC装置软件结构的特点。

4.1.3　数控系统的工作流程

CNC装置的工作就是在硬件的支持下执行软件的全过程。下面根据图4-3所示系统软件框图简要说明CNC系统的工作流程。

4.1.3.1　输入

输入的任务是把加工程序、控制参数和补偿数据输入到CNC装置中去。输入的方法有纸带阅读机输入、键盘输入、磁带和磁盘输入以及通信方式输入。CNC工作方式一般有两种，一种是边输入边加工，即在前一个程序段正在加工时，输入后一个程序段的内容，称为DNC工作方式；另一种是一次性地将整个工件加工程序输入到CNC装置的内部存储器中，加工时再把程序段一个一个地从存储器中调出进行处理，称为存储工作方式。在输入过程中，CNC还进行删除无效代码、代码校验和代码转换等工作。

4.1.3.2　译码

CNC接受的程序是由程序段组成的，程序段中包含工件轮廓信息（如直线还是圆弧，线段的起点和终点等）与加工进给速度（F代码）等加工工艺信息和其他辅助信息（M、S、T代码），计算机不能直接识别它们。译码程序就像翻译，按照一定的语法规则将上述信息翻译成能够识别的数据形式，并按一定的格式存放在指定的内存专用区域。在翻译过程中对程序段还要进行语法检查，发现错误立即报警。

4.1.3.3　刀具补偿

刀具补偿包括刀具半径补偿和刀具长度补偿。

刀具半径补偿是指在数控机床在加工过程中，CNC所控制的是刀具中心的轨迹，为了方便起见，用户总是按零件轮廓编制加工程序，因而为了加工所需的零件轮廓，在进行内轮廓加工时，刀具中心必须向零件的内侧偏移一个刀具半径值；在进行外轮廓加工时，刀具中心必须向零件的外侧偏移一个刀具半径值。这种按零件轮廓编制的程序和预先设定的偏置参数，数控装置能实时自动生成刀具中心轨迹的功能称为刀具半径补偿功能，如图 4 - 4 所示。

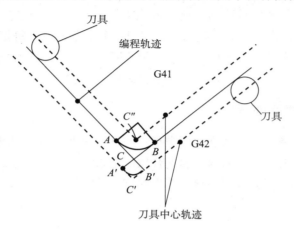

图 4 - 4　刀具半径补偿示意图

在图 4 - 4 中，实线为所需加工的零件轮廓，虚线为刀具中心轨迹。根据 ISO 标准，当刀具中心轨迹在编程轨迹（零件轮廓）前进方向的右边时，称为右刀补，用 G42 指令实现；反之称为左刀补，用 G41 指令实现。

与刀具半径补偿相比，刀具长度补偿相对较容易理解一些，其实质就是刀具刀尖位置相对于 Z 轴坐标零点的偏置距离。我们在对一个零件编程时，首先要指定零件的编程中心，然后才能建立工件编程坐标系，而此坐标系只是一个工件坐标系，零点一般在工件上。长度补偿只和 Z 坐标有关，它不像 X、Y 平面内的编程零点，因为刀具是由主轴锥孔定位，故不改变，而对于 Z 坐标的零点就不一样了。

Z 轴坐标零点从理论上讲可设置在轴上的任意位置，但有可能带来刀具长度补偿的值可能是正值也有可能是负值。

一般推荐使用的补偿方式是，用刀具的实际长度作为刀具长度的补偿。使用刀长作为补偿就是使用对刀仪测量刀具的长度，然后把这个数值输入到刀具长度补偿寄存器中，作为刀具长度补偿。这种方式可使刀具长度补偿的值都为正值，比较直观，能有效避免操作人员换错刀而不自知。

使用刀具长度作为刀长补偿的理由如下：首先，使用刀具长度作为刀长补偿，可以避免在不同的工件加工中不断地修改刀长偏置，这样一把刀具用在不同的工件上也不用修改刀长偏置。在这种情况下，可以按照一定的刀具编号规则，给每一把刀具作档案，用一个小标牌写上每把刀具的相关参数，包括刀具的长度、半径等资料，事实上许多大型的机械加工型企业对数控加工设备的刀具管理都采用这种办法。这对于那些专门设有刀具管理部门的公司来说，就不用面对面地告诉操作工刀具的参数了，同时即使因刀库容量原因把刀具取下再重新装上时，只需根据标牌上的刀长数值作为刀具长度补偿而不需要再进行测量。其次，使用刀具长度作为刀长补偿，可以让机床一边进行加工运行，一边在对刀仪上进行其他刀具的长度测量，而不必因为在机床上对刀而占用机床的运行时间，这样可以充分发挥加工中心的效率。同时，当主轴移动到编程 Z 坐标点时，就是主轴坐标加上（或减去）刀具长度补偿后的 Z 坐标数值。

使用刀具长度补偿是通过执行含有 G43（G44）和 H 指令来实现的，同时我们给出一个 Z 坐标值，这样刀具在补偿之后移动到离工件表面距离为 Z 的地方。另外一个指令 G49 的作用是取消 G43（G44）指令，其实我们不必使用这个指令，因为每把刀具都有自己的长度补偿，当换刀时，即可利用 G43（G44）和 H 指令赋予自己的刀长补偿而自动取消了前一把刀具的长度补偿。

4.1.3.4 进给速度处理

进给速度处理的任务是保证实现程序中指定的进给速度。指定的进给速度是沿运动轨迹方向上的速度，它是沿各坐标方向运动速度合成的结果。速度处理时，据此合成各坐标方向上的分速度，某些辅助功能如换刀和换挡等也在这里处理。

4.1.3.5 插补

插补（Interpolation），即机床数控系统依照一定方法确定刀具运动轨迹的过程。也可以说，已知曲线上的某些数据，按照某种算法计算已知点之间的中间点的方法，也称为"数据点的密化"；数控装置根据输入的零件程序的信息，将程序段所描述的曲线的起点、终点之间的空间进行数据密化，从而形成要求的轮廓轨迹，这种"数据密化"机能就称为"插补"。

插补的目的是控制加工运动轨迹，使刀具相对于工件走出符合工件轮廓轨迹的相对运动。

一个零件的轮廓往往是多种多样的，有直线，有圆弧，也有可能是任意曲线、样条线等。数控机床的刀具往往是不能以曲线的实际轮廓进行走刀的，而是近似地以若干条很小的直线去走刀，走刀的方向一般是 X 和 Y 方向。插补的方式一般有直线插补、圆弧插补、抛物线插补和样条线插补等。

4.1.3.6 位置控制

插补的结果是产生一个周期内的位置增量。位置控制的任务是在每个采样周期内，将插补计算的指令位置与实际反馈位置相比较，用其差值去控制伺服电动机。在位置控制中通常还应完成位置回路的增益调整、各螺距误差补偿和反向间隙补偿，以提高数控机床的定位精度。位置控制处于伺服回路的位置环上，如图 4-5 所示，一般由软件进行位置控制，也可以由硬件完成。

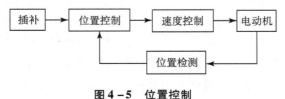

图 4-5 位置控制

4.1.3.7　I/O 处理

I/O 处理主要用来对 CNC 装置与机床之间的强电信号进行处理，其工作包括开关量信号的输入、输出和控制（如换刀、换挡和冷却液启停、排屑等）。

4.1.3.8　显示

在 CNC 装置中，显示的主要作用是为操作者提供方便，一般应包括：工件加工程序的显示、参数显示、刀具位置显示、机床状态显示、报警显示以及运动轨迹的静态图形显示，较高级的 CNC 装置中还具有动态图形显示功能等。

4.1.3.9　诊断

诊断功能是现代 CNC 装置必备的，一般有联机诊断和脱机诊断两种。联机诊断是指 CNC 装置的自诊断程序融合于整个系统程序的各个部分，随时检查不正常的事件。脱机诊断指的是系统运转条件下的诊断，通过 CNC 装置配置的各种脱机诊断程序逻辑，检查存储器、外围设备（CRT、阅读机、穿孔机）和 I/O 接口等。脱机诊断还可以实现远程诊断，即采用远程通信方式进行，具体做法是：通过网络将 CNC 装置与远程诊断中心的计算机连接起来，由诊断中心的计算机对 CNC 装置进行诊断、故障定位和修复。

4.1.4　数控系统的数据转换流程

数控系统的主要任务之一就是将零件加工程序表达的加工信息，变换成各进给轴的位移指令、主轴转速指令和辅助动作指令，控制数控机床加工时的轨迹运动和逻辑动作，加工出符合要求的零件。数控加工程序输入数控装置后，先经过代码转换存储在程序存储器中，然后在执行数控加工程序时，进行译码、刀具补偿处理、速度预处理、插补运算处理和位置控制处理等数据转换，如图 4-6 所示。

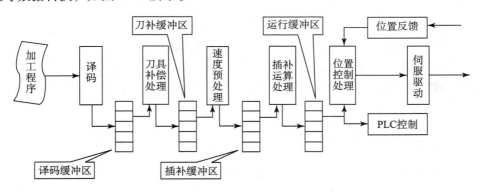

图 4-6　CNC 数控转换流程图

4.1.4.1　译码

将用文本格式（通常用 ASCII 码）表达的零件加工程序，以程序段为单位转换成后续程序（本例是指刀补处理程序）所要求的数据结构（格式）。

在系统软件中各程序间的数据交换方式一般都是通过缓冲区进行的。该缓冲区由若干个数据结构组成，当前程序段被解释完后便将该段的数据信息送进缓冲区组中空闲的一个，后续程序（如刀补程序）从该缓冲区组中获取程序信息进行工作。

4.1.4.2　刀补处理

刀补处理的主要工作：

（1）根据 G90/G91 计算零件轮廓的终点坐标值。

（2）根据 R 和 G41/42 计算本段刀具中心轨迹的终点坐标值。

（3）根据本段与前段的连接关系，进行段间连接处理。

4.1.4.3　速度预处理

速度预处理的主要功能是根据加工程序给定的进给速度，计算在每个插补周期内的合成移动量，供插补程序使用。

速度处理程序主要完成以下几步计算：

（1）计算本段总位移量，即直线：合成位移量 L；圆弧：总角位移量 α。该数据供插补程序判定减速出发点和终点之用。

（2）计算每个插补周期内的合成进给量：

$$\Delta L = F\Delta t/60\ (\mu m)$$

式中：F——进给速度值（mm/min）；

　　　Δt——数控系统的插补周期（ms）。

4.1.4.4　插补计算

插补计算的主要功能如下：

根据操纵面板上"进给修调"开关的设定值，计算本次插补周期的实际合成位移量：

$$\Delta L_1 = \Delta L \times 修调值$$

将 ΔL_1 按插补的线形（直线、圆弧等）和本插补点所在的位置分解到各个进给轴，作为各轴的位置控制指令（ΔX_1、ΔY_1）。

经插补计算后的数据存放在运行缓冲区中，以供位置控制程序之用。本程序以系统规定的插补周期 Δt 定时运行。

4.1.4.5　位置控制处理

位置控制转换流程如图 4-7 所示，位置控制处理需要完成以下几步计算：

（1）计算新的位置指令坐标值：

$$X_{1新} = X_{1旧} + \Delta X_1$$

$$Y_{1新} = Y_{1旧} + \Delta Y_1$$

（2）计算新的位置实际坐标值：

$$X_{2新} = X_{2旧} + \Delta X_2$$

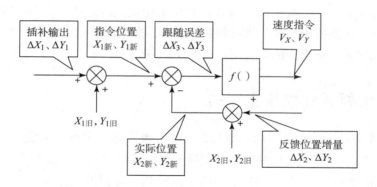

图 4 - 7   位置控制转换流程

$$Y_{2新} = Y_{2旧} + \Delta Y_2$$

（3）计算跟随误差（指令位置值 - 实际位置值）：

$$X_{3新} = X_{3旧} + \Delta X_3$$

$$Y_{3新} = Y_{3旧} + \Delta Y_3$$

（4）计算速度指令值：

$$V_X = f(\Delta X_3)$$

$$V_Y = f(\Delta Y_3)$$

$f()$ 是位置环的调节控制算法，其算法视具体系统而定。这一步在有些系统中是采用硬件来实现的。V_X、V_Y 输送给伺服驱动单元，控制电动机运行，以实现 CNC 装置的轨迹控制。

由以上介绍可知，CNC 装置中对轨迹控制功能的数据转换处理过程是由软件实现的，其中的一部分功能也可由硬件实现。在早期的数控（NC）系统中，数控的全部功能都由硬件完成，随着计算机的发展，硬件电路被计算机取代，计算机在数控中扮演了重要的角色，并构成了计算机数控（CNC）系统。

4.2   CNC 系统的硬件结构

随着大规模集成电路技术和表面安装技术的发展，CNC 系统硬件模块及安装方式也在不断改进。根据不同的划分方式，CNC 系统的硬件结构形式有以下几种。

4.2.1   整体式和分体式结构

（1）整体式结构是根据 CNC 系统的总体安装结构来划分的。所谓整体式结构，是把 CRT 和 MDI 面板、操作面板以及功能模块板组成的电路板等安装在同一机箱内。这种方式的优点是结构紧凑、便于安装，但有时可能造成某些信号连线过长。该类型的典型系统有海德汉 TNC310。

（2）分体式结构通常把 CRT 和 MDI 面板以及操作面板等做成一个部件，而把功能模块板组成的电路板安装在一个机箱内，两者之间用导线或光纤连接。许多 CNC 机床把操作面板作为一个部件，这是由于所控制机床的要求不同，操作面板相应地也要改变，做成一个部件有利于更换和安装。该类型的典型系统有 FANUC 0i – C。

4.2.2　大板式和模块化结构

（1）大板式结构：CNC 装置内一般都有一块大板，称为主板。主板上装有主 CPU 和各轴的位置控制电路等（集成度较高的系统把所有的电路都安装在一块板上），其他相关子板（完成一定功能的电路板），如 ROM 板、RAM 板和 PLC 板都插在主板上面。

①优点：CNC 装置结构紧凑、体积小、可靠性高、价格低，有很高的性能价格比。

②缺点：硬件功能不易变动，柔性低。

该类型的典型系统有 AB 公司的 8601。

（2）模块化结构：将 CPU、存储器、输入输出控制、位置检测、显示部件等分别做成插件板（称为硬件模块），相应的软件也是模块化结构，固化在硬件模块中。硬、软件模块形成一个特定的功能单元，称为功能模块。功能模块间有明确定义的接口，接口是固定的，使用工厂标准或工业标准，彼此间可进行信息交换。各模块间连接的定义，形成了所谓的总线。

设计简单，试制周期短，调整维护方便（如果某个模块坏了，其他模块可照常工作，有可能进行部分 CNC 功能的操作），具有良好的适应性和扩展性。

该类型的典型系统有三菱公司的 E60。

4.2.3　单微处理器和多微处理器结构

4.2.3.1　单微处理器结构

如图 4 – 8 所示，在单微处理器 CNC 中，CPU 通过总线与存储器和各种接口相连接，构成 CNC 的硬件支持，采取集中控制、分时处理的方式完成 CNC 对存储、插补运算、I/O 控制和 CRT 显示等多任务的处理。该类型的典型系统有德国西门子公司的 810/820 系列。

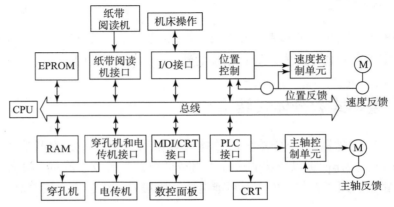

图 4 – 8　单微处理器 CNC 系统结构框图

在单微处理器 CNC 中，所有数控功能（如数据的存取、插补运算、输入/输出控制、位置控制、故障诊断和信息显示等）均由一个微处理器完成。

有的 CNC 装置有两个以上的微处理器，但只有一个微处理器能够控制总线，占有总线资源，其他微处理器不能控制总线，不能访问主存储器，只能作为一个智能部件工作，这种构成主从结构的 CNC 装置也属于单微处理器结构。

4.2.3.2 多微处理器结构

多微处理器结构：多微处理器结构的 CNC 装置把机床数字控制这个总任务划分为多个子任务，也称子功能模块。在硬件方面一般采用模块化结构，以多个（两个或两个以上）CPU 配以相应的接口形成多个子系统，每个子系统分别承担不同的子任务，各子系统间协调动作，共同完成整个数控任务。

这样的多微处理器结构能实现真正意义上的并行处理，处理速度快，可以实现较复杂的系统功能；容错能力强，在某模块出了故障后，通过系统重组仍可继续工作。

多微处理器 CNC 区别于单微处理器 CNC 的最显著特点是通信，CNC 的各项任务和职能都是依靠组成系统的各 CPU 之间的相互通信配合完成的。多微处理器的 CNC 典型通信方式有共享总线和共享存储器两类结构。

1. 共享总线结构

共享总线结构的典型代表是 FANUC 15 系统，它将系统划分为若干个功能模块，其中带有 CPU 的称为主模块，不带 CPU 的称为从模块。根据不同的配置可选用 7、9、11 和 13 个功能模块插件板。

所有主从模块都插在配有总线插座的机柜内，通过共享总线把各个模块有效地连接在一起，按要求交换各种数据和信息，组成一个完整的实时多任务系统，实现 CNC 的预定功能，其硬件结构如图 4 - 9 所示。

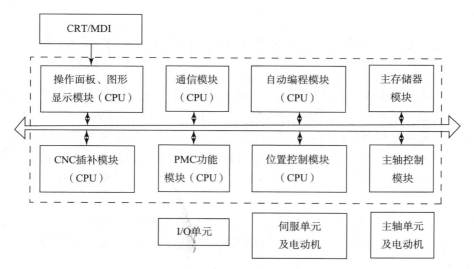

图 4 - 9 共享总线结构（虚线部分为 CNC 单元）

共享总线结构的优点是系统配置灵活、结构简单、容易实现、造价低；缺点是会引起竞争，使信息传输率降低，总线一旦出现故障会影响全局。

2. 共享存储器结构

共享存储器结构的典型代表有 GE 公司的 MTC1 CNC，其硬件结构如图 4-10 所示。

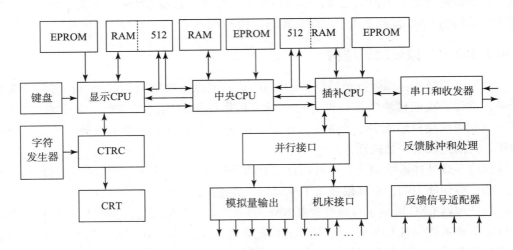

图 4-10　共享存储器硬件结构

MTC1 CNC 共有 3 个 CPU，其中中央 CPU 负责数控程序的编辑、译码、刀具和机床参数的输入；显示 CPU 把中央 CPU 的指令和显示数据送到视频电路进行显示，此外还可定时扫描键盘和倍率开关状态并送到中央 CPU 进行处理；插补 CPU 完成插补运算、位置控制、I/O 控制和 RS232C 通信等任务，还向中央 CPU 提供机床操作面板开关状态及所需显示的位置信息等。中央 CPU、显示 CPU 和插补 CPU 之间各有 512 字节的公共存储器用于交换信息。

4.3　数控系统 CNC 的软件结构及工作原理

数控系统的软件由管理软件和控制软件组成，管理软件包括零件程序的输入/输出程序、显示程序与故障诊断程序等；控制软件包括译码程序、刀具补偿计算程序、插补计算程序、速度控制程序和位置控制程序等。不同的 CNC 装置，其功能和控制方案不同，因而各系统软件在结构和规模上差别较大，各厂家的软件互不兼容。现代数控机床的功能大多采用软件来实现，所以系统软件的设计及功能是 CNC 系统的关键。数控系统控制软件常采用前后台型结构。

CNC 系统是一个专用的实时多任务计算机系统，在它的控制软件中融合了当今计算机软件技术中的许多先进技术，其中最突出的是多任务并行处理和多重实时中断技术。下面分别加以介绍。

4.3.1　多任务并行处理

4.3.1.1　CNC 系统的多任务性

CNC 系统通常作为一个独立的过程控制单元，用于工业自动化生产中，因此它的系统软件必须完成管理和控制两大任务。系统管理部分的工作包括输入、I/O 处理、显示和诊断。系统控制部分的工作包括译码、刀具补偿、速度处理、插补和位置控制。在许多情况下，管理和控制的某些工作必须同时进行。例如，当 CNC 系统工作在加工控制状态时，为了使操作人员能及时地了解 CNC 系统的工作状态，管理软件中的显示模块必须与控制软件同时运行。当 CNC 系统工作在 NC 加工方式时，管理软件中的零件程序输入模块必须与控制软件同时运行。而当控制软件运行时，其本身的一些处理模块也必须同时运行。例如，为了保证加工过程的连续性，即刀具在各程序段之间不停刀，译码、刀具补偿和速度处理模块必须与插补模块同时运行，而插补模块又必须与位置控制同时进行。

为便于读者理解 CNC 系统多任务并行处理的工作方式，下面我们通过图 4-11，以多种形式来揭示 CNC 系统多任务性之间的内在联系。

图 4-11（a）所示为任务分解图，它表示 CNC 在运行时所要处理的各种任务。

图 4-11（b）所示为任务并行处理关系图，它表示 CNC 在运行时，各种任务之间的处理关系。其中注意，双向箭头表示两个模块之间有并行处理关系。

图 4-11（c）所示为 CPU 分时共享图，它表示 CNC 在运行时，各任务的分时处理时序。

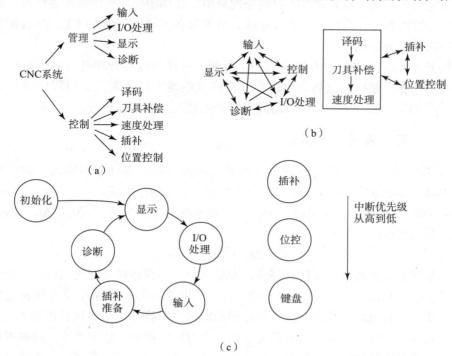

图 4-11　CNC 系统多任务并行处理图

4.3.1.2 并行处理的概念

并行处理是指计算机在同一时刻或同一时间间隔内完成两种或两种以上性质相同或不相同的工作。并行处理最显著的优点是提高了运算速度。拿 n 位串行运算和 n 位并行运算来比较，在元件处理速度相同的情况下，后者运算速度几乎提高为前者的 n 倍。这是一种资源重复的并行处理方法，它是根据"以数量取胜"的原则来大幅度提高运算速度的。但是并行处理还不止于设备的简单重复，它还有更多的含义，如时间重叠和资源共享。所谓时间重叠是根据流水线处理技术，使多个处理过程在时间上相互错开，轮流使用同一套设备的几个部分。而资源共享则是根据"分时共享"的原则，使多个用户按时间顺序使用同一套设备。目前在 CNC 系统的硬件设计中，已广泛使用资源重复的并行处理方法，如采用多 CPU 的系统体系结构来提高系统的速度。而在 CNC 系统的软件设计中，则主要采用资源分时共享和资源重叠的流水线处理技术。

4.3.1.3 资源分时共享

在单 CPU 的 CNC 系统中，主要采用 CPU 分时共享的原则来解决多任务的同时运行。一般来讲，在使用分时共享并行处理的计算机系统中，首先要解决的问题是各任务占用 CPU 时间的分配原则，这里面有两方面的含义：其一是各任务何时占用 CPU；其二是允许各任务占用 CPU 的时间长短。

在 CNC 系统中，对各任务使用 CPU 是用循环轮流和中断优先相结合的方法来解决的。图 4 - 11（c）所示为一个典型 CNC 系统各任务分时共享 CPU 的时间分配图。

系统在完成初始化以后自动进入时间分配环中，在环中依次轮流处理各任务。而对于系统中一些实时性很强的任务则按优先级排队，分别放在不同中断优先级上，环外的任务可以随时中断环内各任务的执行。

每个任务允许占有 CPU 的时间受到一定限制，通常是这样处理的，对于某些占有 CPU 时间比较多的任务，如插补准备，可以在其中的某些地方设置断点，当程序运行到断点处时，自动让出 CPU，待到下一个运行时间里自动跳到断点处继续执行。

4.3.1.4 资源重叠流水处理

当 CNC 系统处在 NC 工作方式时，其数据的转换过程由零件程序输入、插补准备（包括译码、刀具补偿和速度处理）、插补、位置控制 4 个子程序组成。

如图 4 - 12（a）所示，如果每个子程序的处理时间分别为 Δt_1、Δt_2、Δt_3，那么一个零件程序段的数据转换时间将是

$$t = \Delta t_1 + \Delta t_2 + \Delta t_3$$

如果以顺序方式处理每个零件程序段，即第一个零件程序段处理完以后再处理第二个程序段，依此类推。从图 4 - 12（a）中可以看出，如果等到第一个程序段处理完之后才开始对第二个程序段进行处理，那么在两个程序段的输出之间将有一个时间长度为 t 的间隔。同样在第二个程序段与第三个程序段的输出之间也会有时间间隔，依此类推。这种时间间隔反映在电动机上就是电动机的时转时停，反映在刀具上就是刀具的时走时停。不管这种时间间隔多么小，这种时走时停在加工工艺上都是不允许的。消除这种间隔的方法是采用流水处理

技术。采用流水处理后的时间、空间关系如图 4 – 12（b）所示。

流水处理的关键是时间重叠，即在一段时间间隔内不是处理一个子程序，而是处理两个或更多的子程序。从图 4 – 12（b）中可以看出，经过流水处理后从第一个程序段开始，每个程序段的输出之间不再有间隔，从而保证了电动机转动和刀具移动的连续性。

流水处理要求每一个处理子程序的运算时间相等。而在 CNC 系统中，每一个子程序所需的处理时间都是不相等的，解决的办法是取最长的子程序处理完时间为处理时间间隔，这样当处理完时间较短的子程序后即进入等待状态。

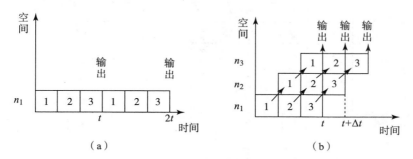

图 4 – 12　流水处理技术示意图

（a）顺序处理；（b）流水处理

在单 CPU 的 CNC 装置中，流水处理的时间重叠只有宏观的意义，即在一段时间内，CPU 处理多个子程序，但从微观上看，各子程序分时占用 CPU 时间。

4.3.2　实时中断处理

4.3.2.1　中断类型

CNC 系统控制软件的另一个重要特征是实时中断处理。CNC 系统的多任务性和实时性决定了系统中断成为整个系统必不可少的重要组成部分。CNC 系统的中断管理主要靠硬件完成，而系统的中断结构决定了系统软件的结构。通常中断类型有外部中断、内部定时中断、硬件故障中断以及程序性中断等。

（1）外部中断，主要有纸带光电阅读机读孔中断、外部监控中断（如紧急停、量仪到位等）和键盘操作面板输入中断。前两种中断的实时性要求很高，通常把这两种中断放在较高的优先级上，而键盘和操作面板输入中断则放在较低的中断优先级上。在有些系统中，甚至用查询的方式来处理它。

（2）内部定时中断，主要有插补周期定时中断和位置采样定时中断。在有些系统中，这两种定时中断合二为一。但在处理时，总是先处理位置控制，然后处理插补运算。

（3）硬件故障中断，它是各种硬件故障检测装置发出的中断，如存储器出错、定时器出错和插补运算超时等。

（4）程序性中断，它是程序中出现的各种异常情况的报警中断，如各种溢出和清零等。

4.3.2.2　中断型结构模式

中断型结构是将除了初始化程序之外，整个系统软件的各个任务模块分别安排在不同级别的中断服务程序中，然后由中断管理系统（由硬件和软件组成）对各级中断服务程序实施调度管理。中断型软件系统结构如图4-13所示。

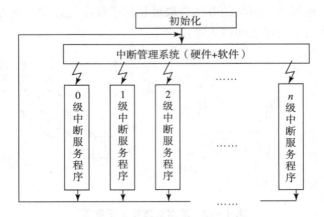

图4-13　中断型软件系统结构

中断型结构模式的特点：

（1）任务调度机制：抢占式优先调度。

（2）信息交换：缓冲区。

（3）实时性好：由于中断级别较多（最多可达8级），强实时性任务可安排在优先级较高的中断服务程序中。

（4）模块间的关系复杂，耦合度大，不利于对系统的维护和扩充。

20世纪80—90年代初的CNC系统大多采用这种结构。

4.3.2.3　基于实时操作系统的结构模式

实时操作系统（Real Time Operating System，RTOS）是操作系统的一个重要分支，它除了具有通用操作系统的功能外，还具有任务管理、多种实时任务调度机制（如优先级抢占调度、时间片轮转调度等）、任务间的通信机制（如邮箱、消息队列、信号灯等）等功能，如图4-14所示。由此可知，CNC系统软件完全可以在实时操作系统的基站上进行开发。

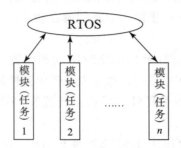

图4-14　基于实时操作系统的系统结构

基于实时操作系统结构模式的特点：

1. 弱化功能模块间的耦合关系

CNC 各功能模块之间在逻辑上存在着耦合关系，在时间上存在着时序配合关系。为了协调和组织它们，前述结构模式中，需采用许多全局变量标志和判断、分支结构，致使各模块间的关系复杂。

在本模式中，设计者只须考虑模块自身功能的实现，然后按规则挂到实时操作系统上，而模块间的调用关系、信息交换方式等都由实时操作系统来实现，从而弱化了模块间的耦合关系。

2. 系统的开放性和可维护性好

从本质上讲，前述结构模式采用的是单一流程加中断控制的机制，一旦开发完毕，系统将是完全封闭的（对系统的开发者也是如此），若想对系统进行功能扩充和修改将是困难的。

在本模式中，系统功能的扩充或修改，只须将编写好的任务模块（模块程序加上任务控制模块（TCB））挂到实时操作系统上（按要求进行编译）即可。因而，采用该模式开发的 CNC 系统具有良好的开放性和可维护性。

3. 减少系统开发的工作量

在 CNC 系统软件开发中，系统内核（任务管理、调度、通信机制）的设计开发往往是很复杂的，而且工作量也相当大。当以现有的实时操作系统为内核时，即可大大减少系统的开发工作量和开发周期。

在商品化的实时操作系统下开发 CNC 系统，国外有些著名的 CNC 系统厂家采用了这种方式。

先将通用 PC 机操作系统（DOS、WINDOWS）扩充、扩展成实时操作系统，然后在此基础上开发 CNC 系统软件。目前国内有些 CNC 系统的生产厂家就是采用的这种方法。该种方法的优点在于 DOS WINDOWS 是得到普遍应用的操作系统，扩充、扩展相对较容易；有利于形成具有我国自主版权的数控软件，这是一种适合我国国情的较好方法。

本章小结

本章着重介绍了数控系统 CNC。数控系统 CNC 由软件和硬件两部分组成，其中，在软件部分，数控系统的工作流程为输入、译码、刀具补偿、进给速度处理、插补、位置控制、I/O 处理、显示和诊断，数控系统的数据转换流程包括译码、刀补处理、速度预处理、插补计算和位置控制处理。数控系统的硬件结构有整体式、分体式、大板式、模块化、单微处理器和多微处理器结构。

习　题

4-1　试用框图说明 CNC 系统的组成原理，并解释各部分的作用。

4-2　CNC 系统由哪几部分组成？

4-3　数控加工程序的预处理包含哪些内容？

4-4　微处理器结构和多微处理器结构各有何特点？

4-5　多微处理器共享总线系统及共享存储器系统在结构上有什么区别？

第 5 章　伺服驱动系统

5.1　伺服驱动系统简介

伺服系统是指利用某一部件（如控制杆）的作用能使系统所处的状态达到或接近某一预定值，并能将所需状态（所需值）和实际状态加以比较，依照它们的差别（有时是这一差别的变化率）来调节和控制部件的自动控制系统。

伺服系统（Servomechanism）又称随动系统，是用来精确地跟随或复现某个过程的反馈控制系统。伺服系统是物体的位置、方位、状态等输出被控量能够跟随输入目标（或给定值）任意变化的自动控制系统。它的主要任务是按控制命令的要求，对功率进行放大、变换与调控等处理，使驱动装置输出的力矩、速度和位置控制非常灵活方便。在很多情况下，伺服系统专指被控制量（系统的输出量），是机械位移或位移速度、加速度的反馈控制系统，其作用是使输出的机械位移（或转角）准确地跟踪输入的位移（或转角），其结构组成与其他形式的反馈控制系统没有原则上的区别。

5.1.1　伺服系统的概念

Servo 是 ServoMechanism 一词的简写，来源于希腊，其含义是奴隶，顾名思义，就是指系统跟随外部指令进行人们所期望的运动，而其中的运动要素包括位置、速度和力矩等物理量。回顾伺服系统的发展历程，从最早的液压、气动到如今的电气化，由伺服电动机、反馈装置与控制器组成的伺服系统已经走过了近 50 个年头。

如今，随着技术的不断成熟，交流伺服电动机技术凭借其优异的性价比，逐渐取代直流电动机成为伺服系统的主导执行电动机。交流伺服系统技术的成熟也使得市场向多元化发展，且交流伺服系统技术已成为工业自动化的支撑性技术之一。

伺服系统最初用于国防军工，如火炮的控制，船舰、飞机的自动驾驶，导弹发射等，后来逐渐推广到国民经济的许多部门，如自动机床和无线跟踪控制等。

5.1.2　伺服系统主要作用

（1）以小功率指令信号去控制大功率负载。
（2）在没有机械连接的情况下，由输入轴控制位于远处的输出轴，实现远距离同步传动。
（3）使输出机械位移精确地跟踪电信号，如记录和指示仪表等。

5.1.3　伺服系统主要分类

（1）从系统组成元件的性质来看，有电气伺服系统、液压伺服系统和电气—液压伺服系统及电气—电气伺服系统等。

（2）从系统输出量的物理性质来看，有速度或加速度伺服系统和位置伺服系统等。

（3）从系统中所包含的元件特性和信号作用特点来看，有模拟式伺服系统和数字式伺服系统。

（4）从系统的结构特点来看，有开环伺服系统、半闭环伺服系统和闭环伺服系统，数控机床也常以此方式来进行分类。

（5）伺服系统按其驱动元件划分，有步进式伺服系统、直流电动机伺服系统和交流电动机伺服系统。

5.1.4　伺服系统主要特点

5.1.4.1　伺服系统性能要求

数控机床对伺服系统的基本要求包括稳定性、精度和快速响应性。

（1）稳定性好：作用在系统上的扰动消失后，系统能够恢复到原来的稳定状态下运行；或者在输入指令信号作用下，系统能够达到新的稳定运行状态的能力。在给定输入或外界干扰作用下，能在短暂的调节后到达新的或者恢复到原有平衡状态。

（2）精度高：伺服系统的精度是指输出量能跟随输入量的精确程度。作为精密加工的数控机床，要求的定位精度或轮廓加工精度通常都比较高，允许的偏差一般都在 0.01 ~ 0.001mm。

（3）快速响应性好：有两方面含义，一是指在动态响应过程中，输出量随输入指令信号变化的迅速程度；二是指动态响应过程结束的迅速程度。快速响应性是伺服系统动态品质的标志之一，即要求跟踪指令信号的响应要快，一方面要求过渡过程时间短，一般在 200ms 以内，甚至小于几十毫秒；另一方面，为满足超调要求，要求过渡过程的前沿陡，即上升率要大。

（4）节能高：由于伺服系统的快速响应，机床能够根据自身的需要对供给进行快速的调整，能够有效提高机床的电能利用率，从而达到高效节能。

5.1.4.2　伺服系统主要结构

伺服系统主要由三部分组成：控制器，功率驱动装置，反馈装置和电动机。

（1）控制器：按照数控系统的给定值和通过反馈装置检测的实际运行值的差，调节控制量。

（2）功率驱动装置：作为系统的主回路，一方面按控制量的大小将电网中的电能作用到电动机之上，调节电动机转矩的大小；另一方面按电动机的要求，把恒压恒频的电网供电转换为电动机所需的交流电或直流电。

（3）电动机：按供电大小拖动机械运转。

5.1.4.3　伺服系统工作方式

（1）精确的检测装置：以组成速度和位置闭环控制。

（2）有多种反馈比较原理与方法：根据检测装置实现信息反馈的原理不同，伺服系统反馈比较的方法也不相同。常用的有脉冲比较、相位比较和幅值比较三种。

（3）高性能的伺服电动机：用于高效和复杂型面加工的数控机床，伺服系统将经常处于频繁的启动和制动过程中。要求电动机的输出力矩与转动惯量的比值大，以产生足够大的加速或制动力矩。要求伺服电动机在低速时有足够大的输出力矩且运转平稳，以便在与机械运动部分的连接中尽量减少中间环节。

（4）宽调速范围的速度调节系统，即速度伺服系统：从系统的控制结构看，数控机床的位置闭环系统可看作是位置调节为外环、速度调节为内环的双闭环自动控制系统，其内部的实际工作过程是把位置控制输入转换成相应的速度给定信号后，再通过调速系统驱动伺服电动机，实现实际位移。数控机床的主运动要求有较高的调速性能，因此要求伺服系统为高性能的宽调速系统。

5.1.4.4　伺服系统主要参数

衡量伺服系统性能的主要指标有频带宽度和精度。频带宽度简称带宽，由系统频率响应特性来规定，反映伺服系统跟踪的快速性，带宽越大，快速性越好。伺服系统的带宽主要受控制对象和执行机构的惯性的限制，惯性越大，带宽越窄。一般伺服系统的带宽小于15Hz，大型设备伺服系统的带宽则在1～2Hz以下。自20世纪70年代以来，由于发展了力矩电动机及高灵敏度测速机，使伺服系统实现了直接驱动，减小了齿隙和弹性变形等非线性因素，使带宽达到50Hz，并成功应用在远程导弹、人造卫星和精密指挥仪等场所。伺服系统的精度主要决定于所用的测量元件的精度。因此，在伺服系统中必须采用高精度的测量元件，如精密电位器、自整角机、旋转变压器、光电编码器、光栅、磁栅和球栅等。此外，也可采取附加措施来提高系统的精度，例如将测量元件（如自整角机）的测量轴通过减速器与转轴相连，使转轴的转角得到放大，来提高相对测量精度。采用这种方案的伺服系统称为精测、粗测系统或双通道系统。通过减速器与转轴啮合的测角线路称为精读数通道，直接取自转轴的测角线路称为粗读数通道。

5.1.4.5　伺服系统发展趋势

现代交流伺服系统，经历了从模拟到数字化的转变，数字控制环已经无处不在，比如换相、电流、速度和位置控制，且普遍采用了新型功率半导体器件、高性能DSP加FPGA，以及伺服专用模块。国际厂商伺服产品每5年就会换代，新的功率器件或模块每2～2.5年就会更新一次，新的软件算法更是日新月异，总之产品生命周期越来越短。总结国内、外伺服厂家的技术路线和产品路线，结合市场需求的变化，可以看到以下一些最新发展趋势：

（1）高效率化：尽管这方面的工作早就在进行，但是仍需要继续加强，主要包括电动机本身的高效率，比如永磁材料性能的改进和更好的磁铁安装结构设计，也包括驱动系统的高效率化、逆变器驱动电路的优化、加减速运动的优化、再生制动和能量反馈以及更好的冷却方式等。

（2）直接驱动：直接驱动包括采用盘式电动机的转台伺服驱动和采用直线电动机的线性伺服驱动，由于消除了中间传递误差，故实现了高速化和高定位精度。直线电动机由于具有容易改变形状的特点，故可以使采用线性直线机构的各种装置实现小型化和轻量化。

（3）高速、高精、高性能化：采用更高精度的编码器（每转百万脉冲级），更高采样精度和数据位数、速度更快的 DSP，无齿槽效应的高性能旋转电动机、直线电动机，以及应用自适应、人工智能等各种现代控制策略，不断将伺服系统的指标提高。

（4）一体化和集成化：电动机、反馈、控制、驱动、通信的纵向一体化成为当前小功率伺服系统的一个发展方向。有时我们称这种集成了驱动和通信的电动机为智能化电动机（Smart Motor），把集成了运动控制和通信的驱动器叫智能化伺服驱动器。电动机、驱动和控制的集成使三者从设计、制造到运行、维护都更紧密地融为一体。但是这种方式面临着更大的技术挑战（如可靠性）和工程师使用习惯的挑战，因此很难成为主流，在整个伺服市场中是一个很小的、有特色的部分。

（5）通用化：通用型驱动器配置有大量的参数和丰富的菜单功能，便于用户在不改变硬件配置的条件下，方便地设置成 V/F 控制、无速度传感器开环矢量控制、闭环磁通矢量控制、永磁无刷交流伺服电动机控制及再生单元等五种工作方式，适用于各种场合，可以驱动不同类型的电动机，比如异步电动机、永磁同步电动机、无刷直流电动机、步进电动机，也可以适应不同的传感器类型甚至无位置传感器；可以使用电动机本身配置的反馈构成半闭环控制系统，也可以通过接口与外部的位置或速度或力矩传感器构成高精度全闭环控制系统。

（6）智能化：现代交流伺服驱动器都具备参数记忆、故障自诊断和分析功能，绝大多数进口驱动器都具备负载惯量测定和自动增益调整功能，有的可以自动辨识电动机的参数，自动测定编码器零位，有些则能自动进行振动抑止。将电子齿轮、电子凸轮、同步跟踪、插补运动等控制功能和驱动结合在一起，对于伺服用户来说，则提供了更好的体验。

（7）网络化和模块化：将现场总线和工业互联网技术，甚至无线网络技术集成到伺服驱动器当中，已经成为欧洲和美国厂商的常用做法。现代工业局域网发展的重要方向和各种总线标准竞争的焦点就是如何适应高性能运动控制对数据传输实时性、可靠性、同步性的要求。随着国内对大规模分布式控制装置的需求上升、高档数控系统的开发成功，网络化数字伺服的开发已经成为当务之急。模块化不仅指伺服驱动模块、电源模块、再生制动模块、通信模块之间的组合方式，而且指伺服驱动器内部软件与硬件的模块化和可重用。

（8）从故障诊断到预测性维护：随着机器安全标准的不断发展，传统的故障诊断和保护技术（问题发生的时候判断原因并采取措施避免故障扩大化）已经落伍，最新的产品嵌入了预测性维护技术，使得人们可以通过互联网及时了解重要技术参数的动态趋势，并采取预防性措施。比如：关注电流的升高，负载变化时评估尖峰电流，外壳或铁芯温度升高时监视温度传感器，以及对电流波形发生的任何畸变保持警惕。

（9）专用化和多样化：虽然市场上存在着通用化的伺服产品系列，但是为某种特定应用场合专门设计制造的伺服系统比比皆是。利用磁性材料的不同性能、不同形状、不同表面黏接结构（SPM）的嵌入式永磁（IPM）转子结构电动机的出现，以及分割式铁芯结构工艺在日本的使用，使永磁无刷伺服电动机的生产实现了高效率、大批量和自动化，并引起了国内厂家的研究。

（10）小型化和大型化：无论是永磁无刷伺服电动机还是步进电动机都积极向更小的尺寸发展，比如20mm、28mm、35mm外径；同时也在发展更大功率和尺寸的机种，已经有500kW永磁伺服电动机出现。

5.1.5　伺服驱动系统的应用

在自动控制系统中，把输出量能以一定准确度跟随输入量的变化而变化的系统称为随动系统，亦称伺服系统。数控机床的伺服系统是指以机床移动部件的位置和速度作为控制量的自动控制系统。

伺服系统由伺服驱动装置和驱动元件（或称执行元件伺服电动机）组成，高性能的伺服系统还有检测装置，以反馈实际的输出状态。

伺服系统主要应用于高精度的定位系统，一般是通过位置、速度和力矩三种方式对伺服电动机进行控制，实现高精度的传动系统定位，目前是传动技术的高端产品。

数控机床伺服系统的作用在于接收来自数控装置的指令信号，驱动机床移动部件跟随指令脉冲运动，并保证动作的快速和准确。以上指的主要是进给伺服控制，另外还有对主运动的伺服控制，不过控制要求不如前者高。一般情况下，数控机床的精度和速度等技术指标主要取决于伺服系统。

5.1.6　机床伺服驱动系统的组成与分类

机床的伺服系统按其功能可分为主轴伺服系统和进给伺服系统。主轴伺服系统用于控制机床主轴的运动，提供机床切削动力；进给伺服系统用于控制机床进给轴的运动，提供各坐标轴及旋转轴的移动或转动。进给伺服系统通常由伺服驱动电路、伺服电动机和进给机械传动机构等部件组成，进给机械传动机构由减速齿轮、滚珠丝杠副、导轨和工作台等组成。

在数控机床分类中，进给伺服系统一般按有无位置检测和反馈装置以及检测装置的安装位置不同，分为开环、半闭环和闭环伺服系统。

5.1.6.1　开环控制系统

开环数控系统结构简单，没有测量装置。同时，数控装置发出的指令信号流是单向的，所以不存在系统稳定性问题。因为无位置反馈，所以精度不高，其精度主要取决于伺服驱动系统的性能。

开环数控系统的工作原理如图5-1所示，即开环数控系统是这样工作的：首先将控制机床工作台或刀架运动的位移距离、位移速度、位移方向和位移轨迹等参量通过输入装置——CNC装置，CNC装置根据这些参量指令计算出进给脉冲序列；然后对脉冲单元进行功率放大，形成驱动装置的控制信号；最后，由驱动装置驱动工作台或刀架，按所要求的速度、轨迹、方向和移动距离，加工出形状、尺寸与精度符合要求的零件。开环数控系统一般用功率步进电动机作为伺服驱动单元。

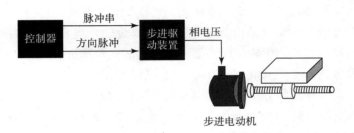

图 5 - 1　开环控制系统工作原理示意图

　　由控制器送出的进给指令脉冲，经驱动电路控制和功率放大后，驱动步进电动机转动，通过齿轮副与滚珠丝杠螺母副驱动执行部件，无须位置检测装置。

　　系统的位置精度主要取决于步进电动机的角位移精度、齿轮丝杠等传动元件的导程或节距精度以及系统的摩擦阻尼特性。

　　位置精度较低，其定位精度一般可达 ±0.02mm。如果采取螺距误差补偿和传动间隙补偿等措施，定位精度可提高到 ±0.01mm。此外，由于步进电动机性能的限制，开环进给系统的进给速度也会受到限制，在脉冲当量为 0.01mm 时，一般不超过 5m/min。

　　开环数控系统具有工作稳定、反应迅速、调试方便、维修简单和价格低廉等优点，在精度和速度要求不高、驱动力矩不大的场合得到了广泛应用。但是，由于步进电动机的低频共振及丢步等原因，其应用有逐渐减少的趋势。开环数控系统一般适用于经济型数控机床和旧机床的数控化改造。

5.1.6.2　半闭环控制系统

　　半闭环控制系统的特点。

　　将检测装置装在伺服电动机轴或传动装置末端，间接测量移动部件位移来进行位置反馈的进给系统称为半闭环控制系统，如图 5 - 2 所示。

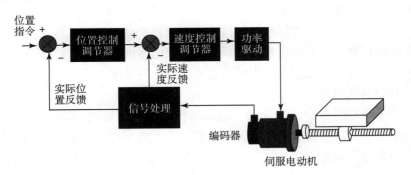

图 5 - 2　半闭环控制系统工作原理示意图

　　在半闭环控制系统中，将编码器和伺服电动机作为一个整体，编码器完成角位移检测和速度检测，用户无须考虑位置检测装置的安装问题。这种形式的半闭环控制系统在机电一体化设备上得到了广泛的应用。

　　这类系统的位置检测装置安装在电动机或丝杠轴端，通过角位移间接得出机床工作台的实际位置，并与 CNC 装置的指令值进行比较，用差值进行控制。这类系统可矫正部分环节造成的误差，精度比开环高。其以交、直流伺服电动机作为驱动元件。

半闭环控制系统的工作原理是由伺服电动机采样旋转角度而不是检测工作台的实际位置。因此，丝杠的螺距误差和齿轮或同步带轮等引起的误差都难以消除。半闭环控制系统的环路内不包括或只包括少量机械传动环节，因此系统控制性能稳定。而机械传动环节的误差，大部分可通过误差补偿的方法消除，因而仍可获得满意的精度。

半闭环系统相对于开环系统和全闭环系统结构简单、测试方便、精度也较高、成本适中，因而在现代 CNC 机床中得到了较为广泛的应用。

5.1.6.3 全闭环控制系统

将检测装置装在移动部件上，直接测量移动部件的实际位移来进行位置反馈的进给系统称为全闭环控制系统，如图 5-3 所示。

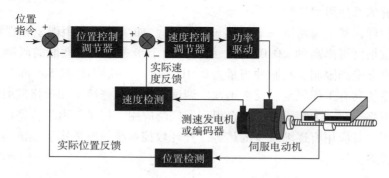

图 5-3 全闭环控制系统工作原理示意图

全闭环控制系统的位置检测装置安装在机床工作台上，将工作台的实际位置检测出来，并与 CNC 装置的指令位置进行比较，用差值进行控制。这类系统可矫正全部传动环节造成的误差，其精度很高，系统的精度主要取决于检测装置的精度。其以交、直流伺服电动作为驱动元件，用于高精度设备的控制。

全闭环控制系统可以消除机械传动机构的全部误差，而半闭环控制系统只能补偿部分误差。因此，半闭环控制系统的精度比全闭环控制系统的精度要低一些。

由于采用了位置检测装置，所以闭环进给系统的位置精度在其他因素确定之后，主要取决于检测装置的分辨率和精度。

全闭环和半闭环控制系统因为采用了位置检测装置，所以在结构上较开环进给系统复杂。另外，由于机械传动机构部分或全部包含在系统之内，机械传动机构的固有频率、阻尼和间隙等将成为系统不稳定的因素。因此，闭环与半闭环系统的设计和调试都较开环系统困难。

全闭环控制系统主要用于精度要求很高的精密镗床、精密铣床、精密磨床、超精车床和螺纹车床以及车铣复合加工中心等。

5.1.6.4 伺服控制的三种模式

一般伺服控制都有三种控制方式：速度控制方式、转矩控制方式和位置控制方式，速度控制和转矩控制都是用模拟量来控制的，位置控制是通过发脉冲来控制的。

　　具体采用什么控制方式要根据整机的要求及满足何种运动功能来选择。如果机器对电动机的速度、位置都没有要求，只要求输出一个恒转矩，则用转矩模式。如果对位置和速度有一定的精度要求，而对实时转矩不是很关心，则用转矩模式不太方便，用速度或位置模式比较好。如果上位控制器有比较好的闭环控制功能，则用速度控制效果会好一点。如果本身要求不是很高，或者基本没有实时性的要求，则用位置控制方式。就伺服驱动器的响应速度来看，转矩模式运算量最小，驱动器对控制信号的响应最快；位置模式运算量最大，驱动器对控制信号的响应最慢。当对运动中的动态性能有比较高的要求时，需要实时对电动机进行调整。那么如果控制器本身的运算速度很慢（比如 PLC，或低端运动控制器），就用位置方式控制。如果控制器运算速度比较快，可以用速度方式，把位置环从驱动器移到控制器上，以减少驱动器的工作量，提高效率（比如大部分中高端运动控制器）；如果有更好的上位控制器，还可以用转矩方式控制，把速度环从驱动器上移开，这一般只是高端专用控制器才能如此。

5.2　步进电动机伺服驱动系统

　　步进电动机是一种将电脉冲转化为角位移的执行机构。当步进驱动器接收到一个脉冲信号时，它就驱动步进电动机按设定的方向转动一个固定的角度（称为"步距角"），它的旋转是以固定的角度一步一步运行的。可以通过控制脉冲个数来控制角位移量，从而达到准确定位的目的；同时可以通过控制脉冲频率来控制电动机转动的速度和加速度，从而达到调速的目的。

　　步进电动机可以作为一种控制用的特种电动机，利用其没有积累误差（精度为100%）的特点，广泛应用于各种开环控制。现在比较常用的步进电动机包括反应式步进电动机（VR）、永磁式步进电动机（PM）、混合式步进电动机（HB）和单相式步进电动机等。

　　永磁式步进电动机一般为两相，转矩和体积较小，步进角一般为 7.5° 或 15°；反应式步进电动机一般为三相，可实现大转矩输出，步进角一般为 1.5°，但噪声和振动都很大。反应式步进电动机的转子磁路由软磁材料制成，定子上有多相励磁绕组，利用磁导的变化产生转矩。

　　混合式步进电动机混合了永磁式和反应式的优点。它又分为两相和五相：两相步进角一般为 1.8°，而五相步进角一般为 0.72°。这种步进电动机的应用最为广泛。

　　1. 工作台位移量的控制

　　数控装置发出 N 个进给脉冲，经驱动线路放大后，使步进电动机定子绕组通电状态变化 N 次，如果一个脉冲使步进电动机转过的角度为 α，则步进电动机转过的角位移量 $\Phi = N\alpha$，再经减速齿轮、丝杠、螺母之后转变为工作台的位移量 L，即进给脉冲数决定了工作台的直线位移量 L。具体可推得如下关系式：

$$L = \frac{\alpha h}{360i}N$$

式中，L——工作台的直线位移量；

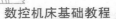
α——步进电动机步距角（度）；

h——滚珠丝杠螺距；

i——减速齿轮减速比；

N——进给脉冲数。

需要指出的是，如果细分的话，还要除以细分倍数。增设减速齿轮一方面可调整速度；另一方面可放大力矩，降低电动机的功率。

2. 工作台进给速度的控制

数控装置发出的进给脉冲频率为 f，经驱动控制线路，表现为控制步进电动机定子绕组通电、断电状态的电平信号变化频率，定子绕组通电状态变化频率决定步进电动机的转速，该转速经过减速齿轮及丝杠、螺母之后，表现为工作台的进给速度 v，即进给脉冲的频率决定了工作台的进给速度。

3. 工作台运动方向的控制

改变步进电动机输入脉冲信号的循环顺序方向，就可改变定子绕组中电流的通、断循环顺序，从而使步进电动机实现正转和反转，相应地工作台进给方向就被改变。

5.2.1 步进电动机的工作原理

5.2.1.1 反应式步进电动机原理

反应式步进电动机工作原理比较简单，下面先叙述三相反应式步进电动机的原理。

1. 结构

电动机转子均匀分布着很多小齿，定子齿有三个励磁绕组，其几何轴线依次分别与转子齿轴线错开 0、$\tau/3$、$2\tau/3$（相邻两转子齿轴线间的距离为齿距，以 τ 表示），即 A 与齿 1 相对齐，B 与齿 2 向右错开 $\tau/3$，C 与齿 3 向右错开 $2\tau/3$，A′ 与齿 5 相对齐（A′ 就是 A，齿 5 就是齿 1）。图 5－4 所示为定转子的展开图。

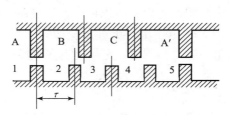

图 5－4　步进电机定转子的展开图

2. 旋转

如 A 相通电，B、C 相不通电，由于磁场作用，齿 1 与 A 对齐（转子不受任何力，以下均同）。如 B 相通电，A、C 相不通电，齿 2 应与 B 对齐，此时转子向右移过 $\tau/3$，齿 3 与 C 偏移为 $\tau/3$，齿 4 与 A 偏移 $\tau-\tau/3=2\tau/3$。如 C 相通电，A、B 相不通电，齿 3 应与 C 对齐，此时转子又向右移过 $\tau/3$，齿 4 与 A 偏移为 $\tau/3$。如 A 相通电，B、C 相不通电，齿 4 与 A 对齐，转子又向右移过 $\tau/3$。这样经过 A、B、C、A 分别通电，齿 4（即齿 1 前一齿）移到 A 相，电动机转子向右转过一个齿距，如果不断地按 A，B，C，A…的顺序通电，电动机就每步（每脉冲）偏移 $\tau/3$，向右旋转。如按 A，C，B，A…的顺序通电，则电动机反转。

由此可见：电动机的位置和速度与导电次数（脉冲数）和频率成一一对应关系，而方向由导电顺序决定。

不过，出于对力矩、平稳、噪声及减少角度等方面的考虑，往往采用 A – AB – B – BC – C – CA – A 这种导电状态，这样将原来每步偏移 $\tau/3$ 改变为 $\tau/6$。甚至于通过二相电流不同的组合，使其 $\tau/3$ 变为 $\tau/12$、$\tau/24$，这就是电动机细分驱动的基本理论依据。

不难推出：电动机定子上有 m 相励磁绕组，其轴线分别与转子齿轴线偏移 $1/m$，$2/m$，$\cdots$，$(m-1)/m$，1，并且按一定的相序导电，就能控制电动机的正反转，这是步进电动机旋转的物理条件。只要符合这一条件，我们理论上可以制造任何相的步进电动机。但出于成本等多方面考虑，市场上一般以二、三、四、五相为多。

3. 力矩

电动机一旦通电，在定、转子间将产生磁场（磁通量 Φ），当转子与定子错开一定角度时产生力 F，其与 $(\mathrm{d}\Phi/\mathrm{d}\theta)$ 成正比 S（见图 5 – 5）。

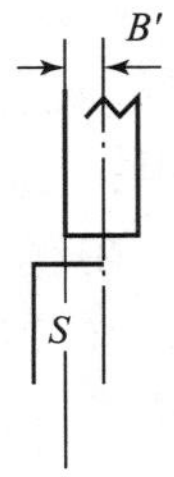

磁通量的计算公式为

$$\Phi = B_\mathrm{r} \cdot S$$

式中，B_r——磁密；

S——导磁面积。

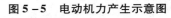

图 5 – 5　电动机力产生示意图

F 与 $L \cdot D \cdot B_\mathrm{r}$ 成正比，L 为铁芯有效长度，D 为转子直径，即

$$B_\mathrm{r} = N \cdot I/R$$

式中，$N \cdot I$——励磁绕组安匝数（电流乘匝数）；

R——磁阻。

$$力矩 = 力 \times 半径$$

力矩与（电动机有效体积×安匝数×磁密）成正比（只考虑线性状态），因此，电动机有效体积越大，励磁安匝数越大，定、转子间气隙越小，电动机力矩越大，反之亦然。

5.2.1.2　感应子式步进电动机

1. 特点

感应子式步进电动机与传统的反应式步进电动机相比，结构上转子加有永磁体，以提供软磁材料的工作点，而定子激磁只需提供变化的磁场而不必提供软磁材料工作点的耗能，因此，该电动机效率高、电流小、发热低。因永磁体的存在，该电动机具有较强的反电势，其自身阻尼作用较好，故其在运转过程中比较平稳，且噪声低、低频振动小。

感应子式步进电动机在某种程度上可以看作是低速同步电动机。一个四相电动机可以做四相运行，也可以做二相运行（必须采用双极电压驱动）；而反应式电动机则不能如此。例如：四相八拍运行（A – AB – B – BC – C – CD – D – DA – A）完全可以采用二相八拍运行方式。不难发现，其条件 C = A、D = B，一个二相电动机的内部绕组与四相电动机完全一致，小功率电动机一般直接接为二相；而功率大一点的电动机为了方便使用，以及灵活改变电动机的动态特点，往往将其外部接八根引线（四相），这样使用时既可以作四相电动机使用，也可以作二相电动机绕组串联或并联使用。

2. 分类

感应子式步进电动机按相数可分为二相电动机、三相电动机、四相电动机和五相电动机等。

3. 步进电动机的静态指标术语

相数：产生不同对极 N、S 磁场的励磁线圈的对数，常用 m 表示。

拍数：完成一个磁场周期性变化所需脉冲数或导电状态，用 n 表示，或指电动机转过一个齿距角所需的脉冲数。以四相电动机为例，有四相四拍运行方式，即 AB – BC – CD – DA – AB；四相八拍运行方式，即 A – AB – B – BC – C – CD – D – DA – A。

步距角：对应一个脉冲信号，电动机转子转过的角位移用 θ 表示，$\theta = 360°/$（转子齿数×运行拍数）。以常规二、四相，转子齿数为 50 齿的电动机为例，四拍运行时步距角为 $\theta = 360°/(50 \times 4) = 1.8°$（俗称整步），八拍运行时步距角为 $\theta = 360° \times (50 \times 8) = 0.9°$（俗称半步）。

定位转矩：电动机在不通电的状态下转子自身的锁定力矩。

静转矩：在额定静态电作用下，电动机不做旋转运动时，转轴的锁定力矩。此力矩是衡量电动机体积（几何尺寸）的标准，与驱动电压及驱动电源等无关。

虽然静转矩与电磁励磁安匝数成正比，且与定、转子间的气隙有关，但过分采用减小气隙、增加励磁安匝数的方法来提高静力矩是不可取的，这样会造成电动机的发热及机械噪声。

4. 步进电动机动态指标及术语

1）步距角精度

步距角精度是指步进电动机每转过一个步距角的实际值与理论值的误差，用百分比表示，即误差/步距角×100%。不同运行拍数其值不同，四拍运行时应在 5% 之内，八拍运行时应在 15% 以内。

2）失步

电动机运转时运转的步数不等于理论上的步数，称为失步。

3）失调角

失调角是指转子齿轴线偏移定子齿轴线的角度，电动机运转必存在失调角，由失调角产生的误差采用细分驱动是不能解决的。

4）最大空载启动频率

电动机以某种驱动形式、电压及额定电流，在不加负载的情况下，能够直接启动的最大频率。

5）最大空载的运行频率

电动机在某种驱动形式、电压及额定电流下，电动机不带负载的最高转速频率。

6）运行矩频特性

电动机在某种测试条件下测得运行中输出力矩与频率关系的曲线称为运行矩频特性，这是电动机诸多动态曲线中最重要的，也是电动机选择的根本依据。

其他特性还有惯频特性和启动频率特性等。

电动机一旦选定，其静力矩确定；而动态力矩却不然，电动机的动态力矩取决于电动机运行时的平均电流（而非静态电流），平均电流越大，电动机输出力矩越大，即电动机的频率特性越硬。如图 5 - 6 所示。

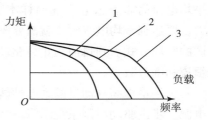

图 5 - 6　动态力矩曲线

在图 5 - 6 中，曲线 3 电流最大，或电压最高；曲线 1 电流最小，或电压最低，曲线与负载的交点为负载的最大速度点。要使平均电流大，应尽可能提高驱动电压，即采用小电感、大电流的电动机。

7）电动机的共振点

步进电动机均有固定的共振区域，二、四相感应子式步进电动机的共振区一般在 180 ~ 250pps[①]（步距角 1.8°）或在 400pps 左右（步距角为 0.9°）。电动机驱动电压越高，电动机电流越大，负载越轻，电动机体积越小，则共振区向上偏移，反之亦然。为使电动机输出电矩大、不失步及整个系统的噪声降低，一般工作点均应偏移共振区较多。

8）电动机正反转控制

当电动机绕组通电时序为 AB - BC - CD - DA 时为正转，通电时序为 DA - CA - BC - AB 时为反转。

5.2.2　步进电动机的驱动控制

步进电动机驱动控制系统主要由环形脉冲和功率放大器等组成，其方框图如图 5 - 7 所示。

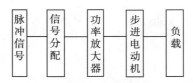

图 5 - 7　步进电动机驱动控制系统框图

5.2.2.1　脉冲信号的产生

脉冲信号一般由单片机或 CPU 产生，一般脉冲信号的占空比为 0.3 ~ 0.4，电动机转速越高，则占空比越大。

5.2.2.2　信号分配

感应子式步进电动机以二、四相电动机为主，二相电动机工作方式有二相四拍和二相八拍两种，具体分配如下：二相四拍步距角为 1.8°；二相八拍步距角为 0.9°。四相电动机工作方式也有两种，四相四拍为 AB - BC - CD - DA - AB，步距角为 1.8°；四相八拍为 AB - B - BC - C - CD - D - AB，步距角为 0.9°。

5.2.2.3　功率放大

功率放大是驱动系统最为重要的部分。步进电动机在一定转速下的转矩取决于它的动态

① pps 为脉冲单位，即每秒脉冲数。

平均电流而非静态电流（而样本上的电流均为静态电流）。平均电流越大，电动机力矩越大，要达到平均电流大，就需要驱动系统尽量克服电动机的反电势，因而不同的场合采取不同的驱动方式。到目前为止，驱动方式一般有以下几种：恒压、恒压串电阻、高低压驱动、恒流和细分数等。

为尽量提高电动机的动态性能，常用信号分配器、功率放大器等组成步进电动机的驱动电源。步进驱动控制系统示意图如图 5 – 8 所示。

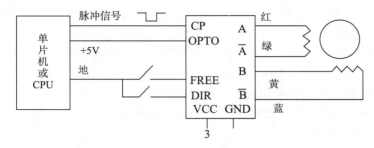

图 5 – 8　步进驱动控制系统示意图

5.2.2.4　细分驱动器

在步进电动机步距角不能满足使用要求的条件下，可采用细分驱动器来驱动步进电动机。细分驱动器的原理是：通过改变相邻（A，B）电流的大小，以改变合成磁场的夹角来控制步进电动机的运转。细分驱动器磁场的合成图如图 5 – 9 所示。

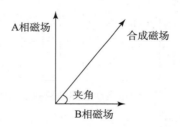

图 5 – 9　细分驱动器磁场的合成图

5.2.3　步进电动机的应用

5.2.3.1　步进电动机的选择

步进电动机由步距角（涉及相数）、静转矩及电流三大要素组成。一旦三大要素确定，步进电动机的型号便确定下来了。

1. 步距角的选择

电动机的步距角取决于负载精度的要求，将负载的最小分辨率（当量）换算到电动机轴上，即每个当量电动机应走多少角度（包括减速），电动机的步距角应等于或小于此角度。步进电动机的步距角一般为 0.36°/0.72°（五相电动机）、0.9°/1.8°（二、四相电动机）和 1.5°/3°（三相电动机）等。

2. 静力矩的选择

步进电动机的动态力矩一下子很难确定，往往需要先确定电动机的静力矩。静力矩选择的依据是电动机工作的负载，而负载可分为惯性负载和摩擦负载两种。单一的惯性负载和单一的摩擦负载是不存在的。直接启动时（一般由低速）两种负载均要考虑，加速启动时主要考虑惯性负载，恒速运行时只考虑摩擦负载。一般情况下，静力矩应为摩擦负载的 2~3 倍为好，静力矩一旦选定，电动机的机座及长度便能确定下来（几何尺寸）。

通常推荐步进电动机的容量选择为

$$T_L/T_{max} \leqslant 4$$

式中，T_L——工作过程中电动机轴所受的最大等效负载力矩；

T_{max}——步进电动机的最大静转矩。

3. 电流的选择

静力矩相同的电动机，由于电流参数不同，故其运行特性差别很大，可依据矩频特性曲线图判断电动机的电流（参考驱动电源及驱动电压）。

综上所述，选择电动机一般应遵循以下步骤，如图 5-10 所示。

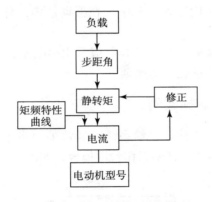

图 5-10 步进电动机选择流程

4. 力矩与功率换算

步进电动机一般在较大范围内调速使用，其功率是变化的，一般只用力矩来衡量，力矩与功率的换算关系如下：

$$P = \Omega \cdot M$$

$$\Omega = 2\pi n/60$$

$$P = 2\pi nM/60$$

式中，P——功率；

Ω——每秒角速度；

n——每分钟转速；

M——力矩。

$$P = 2\pi fM/400(半步工作)$$

式中，f——每秒脉冲数。

5.2.3.2　应用中的注意事项

（1）步进电动机应用于低速场合，每分钟转速不超过 1 000r（0.9°时为 6 666pps），最好在 1 000～3 000pps（0.9°）间使用，可通过减速装置使其在此间工作，此时电动机工作效率高、噪声低。

（2）整步状态时振动大，故步进电动机最好不使用整步状态。

（3）由于历史原因，除标称为 12V 电压的电动机使用 12V 外，其他电动机的电压值不是驱动电压值，可根据驱动器选择驱动电压。当然 12V 的电压除 12V 恒压驱动外也可以采用其他驱动电源，不过要考虑温升。

（4）转动惯量大的负载应选择大机座号电动机。

（5）电动机在较高速或大惯量负载时，一般不在工作速度启动，而采用逐渐升频提速的方式，一方面可使电动机不失步，另一方面可以在减少噪声的同时提高停止的定位精度。

（6）高精度时，应通过机械减速提高电动机速度，或采用高细分数的驱动器来解决，也可以采用 5 相电动机，不过其整个系统的价格较贵，生产厂家较少。

（7）电动机不应在振动区内工作，若必须在振动区内工作，则可通过改变电压、电流或加一些阻尼来解决。

（8）电动机在 600pps（0.9°）以下工作，应采用小电流、大电感和低电压来驱动。

（9）应遵循先选电动机后选驱动的原则。

5.2.3.3　步进电动机选择实例

经济型数控车床的纵向（Z 轴）进给系统，通常采用步进电动机驱动滚珠丝杠，带动装有刀架的拖板做直线往复运动，其中工作台即拖板，如图 5-11 所示。

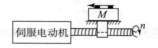

图 5-11　数控车床的纵向（Z 轴）进给系统示意图

假设：

（1）拖板重量 $M = 2\ 000\text{N}$；

（2）拖板与导轨之间的摩擦系数为 0.06；

（3）车削时最大切削负载为 2 150N；

（4）Y 向切削分力

$$F_Y = 2F_Z = 4\ 300\text{N}（垂直于导轨）$$

要求：

（1）刀具切削时的进给速度 $v_1 = 10～500\text{mm/min}$；

（2）快速行程速度为 3 000mm/min，滚珠丝杠名义直径 $d_0 = 32\text{mm}$；

（3）导程 $t_{sp} = 6\text{mm}$，丝杠总长 $l = 1\ 400\text{mm}$；

（4）拖板最大行程为 1 150mm，定位精度为 ±0.01mm，试选择合适的步进电动机。

1. 脉冲当量的选择

初选三相步进电动机的步距角为 0.75°/1.5°，当三相六拍运行时，步距角 $\theta = 0.75°$，其每转脉冲数 $S = 480$。

每转脉冲当量 $\delta = 0.01\text{mm}$，根据脉冲当量的定义，可得中间齿轮传动比 i 为

$$i = \frac{t_{\text{sp}}}{\delta S} = \frac{6}{0.01 \times 480} = 1.25$$

2. 等效负载转矩的计算

1）空载时的等效摩擦转矩 T_{f}

$$T_{\text{f}} = \frac{\mu M t_{\text{sp}}}{2\pi \eta_{\text{s}} i} = \frac{0.06 \times 2\,000 \times 6 \times 10^{-1}}{2\pi \times 0.8 \times 1.25} = 11.46 \ (\text{N} \cdot \text{cm})$$

2）车削加工时的等效摩擦转矩 T_{L}

$$T_{\text{L}} = \frac{\left[F_Z + \mu(M + F_Y) \right] t_{\text{sp}}}{2\pi \eta_{\text{s}} i} = \frac{\left[2\,150 + 0.06 \times (2\,000 + 4\,300) \right] \times 6 \times 10^{-1}}{2\pi \times 0.8 \times 1.25}$$

$$= 241.4 \ (\text{N} \cdot \text{cm})$$

式中，η_{s}——丝杠预紧时的传动效率，$\eta_{\text{s}} = 0.8$。

3）等效转动惯量

（1）滚珠丝杠的转动惯量 J_{sp}。

$$J_{\text{sp}} = \frac{\pi d_0^2 l \rho}{32} = \frac{\pi \times 3.2^2 \times 140 \times 7.85 \times 10^{-3}}{32} = 11.31 \ (\text{N} \cdot \text{cm} \cdot \text{s}^2)$$

式中，ρ——钢的密度，$\rho = 7.85 \times 10^{-3} \text{kg/cm}^2$。

（2）拖板运动惯量换算到电动机轴上的转动惯量 J_{W}。

$$J_{\text{W}} = \frac{M}{g}\left(\frac{t_{\text{sp}}}{2\pi}\right)^2 \times \frac{1}{i^2} = \frac{2\,000}{980} \times \left(\frac{0.6}{2\pi}\right)^2 \times \frac{1}{1.25^2} = 1.2 \times 10^{-2} \ (\text{N} \cdot \text{cm} \cdot \text{s}^2)$$

（3）大齿轮的转动惯量 J_{g2}。

$$J_{\text{g2}} = \frac{\pi d_2^4 b_2 \rho}{32} = \frac{\pi \times 5^4 \times 1.0 \times 7.85 \times 10^{-3}}{32} = 0.482 \ (\text{N} \cdot \text{cm} \cdot \text{s}^2)$$

式中，b_2——大齿轮的宽度，$b_2 = 10\text{mm}$。

（4）小齿轮的转动惯量 J_{g1}。

$$J_{\text{g1}} = \frac{\pi d_1^4 b_1 \rho}{32} = \frac{\pi \times 4^4 \times 1.2 \times 7.85 \times 10^{-3}}{32} = 0.2 \ (\text{N} \cdot \text{cm} \cdot \text{s}^2)$$

式中，b_1——小齿轮的宽度，$b_1 = 12\text{mm}$。

因此，电动机轴上总的等效转动惯量 J_{L} 为

$$J_{\text{L}} = J_{\text{g1}} + J_{\text{W}} + \frac{J_{\text{g2}} + J_{\text{sp}}}{i^2} = 0.2 + 0.012 + \frac{0.482 + 11.31}{1.25^2} = 7.76 \ (\text{N} \cdot \text{cm} \cdot \text{s}^2)$$

4）初步选取步进电动机

初步选取的步进电动机（M）参数：

最大静转矩：$T_{\text{max}} = 800\text{N} \cdot \text{cm}$；转子惯量 $J_{\text{m}} = 4.7\text{N} \cdot \text{cm} \cdot \text{s}^2$。

由此可得：

$$\frac{T_{\text{L}}}{T_{\text{max}}} = \frac{241.4}{800} = 0.3 < 0.5, \frac{J_{\text{L}}}{J_{\text{m}}} = \frac{7.76}{4.7} = 1.65 < 4$$

满足惯量匹配和容量匹配的条件：

$$\frac{T_L}{T_{max}} \leqslant 4, \frac{J_L}{J_m} \leqslant 4$$

5）速度验算

（1）快速进给的验算。

快速进给时，电动机空载运行，由步进电动机的运行矩频特性曲线可知：当电动机在最大频率 $f_{max} = 6\,000\text{Hz}$ 运行时，有

$$T_m = 90\text{N} \cdot \text{cm} > T_f = 11.46\text{N} \cdot \text{cm}$$

故可按此频率计算最大的快进给速度 v_2 为

$$v_2 = \frac{1}{6}\theta \cdot f_{max} \cdot \frac{t_{sp}}{i} = \frac{1}{6} \times 0.75° \times 6\,000 \times \frac{6}{1.25} = 3\,600 \text{（mm/min）} > 3\,000\text{mm/min}$$

（2）工进速度的验算。

当 $f_1 = 2\,000\text{Hz}$ 时，有

$$T_1 = 241.4\text{N} \cdot \text{cm}$$

$$v_1 = \frac{1}{6}\theta \cdot f_1 \frac{t_{sp}}{i} = \frac{1}{6} \times 0.75° \times 2\,000 \times \frac{6}{1.25} = 1\,200 \text{（mm/min）} > 500\text{mm/min}$$

综上所述，可选该型号为 M 系列的步进电动机。

5.3　直流电动机伺服系统

伺服电动机的作用是将输入的电压信号（即控制电压）转换成轴上的角位移或角速度输出，在自动控制系统中常作为执行元件，所以伺服电动机又称为执行电动机，其最大的特点是：有控制电压时转子立即旋转，无控制电压时转子立即停转。转轴转向和转速是由控制电压的方向和大小决定的。

特点：

（1）调速性能好。所谓"调速性能"，是指电动机在一定负载的条件下，根据需要，人为地改变电动机的转速。直流电动机可以在重负载条件下，实现均匀、平滑的无级调速，而且调速范围较宽。

（2）启动力矩大，可以均匀而经济地实现转速调节。因此，凡是在重负载下启动或要求均匀调节转速的机械，例如大型可逆轧钢机、卷扬机、电力机车、电车等，都可用直流电动机拖动。

5.3.1　直流伺服电动机的分类

由于直流电动机具有良好的调速特性，为一般的交流电动机所不及。因此，在对电动机的调速性能和启动性能要求较高的机械设备上，大多采用直流电动机驱动，而不顾及结构复杂、价格较贵等缺点。

常用的直流电动机有永磁式直流电动机（有槽、无槽、杯型、印刷绕组）、励磁式直流

电动机、混合式直流电动机、无刷直流电动机和直流力矩电动机。

一般的直流伺服电动机的基本结构与普通的直流电动机并无本质的区别，也是由装有磁极的定子、可以转动的电刷及换向器组成。

（1）定子：定子磁极磁场由定子的磁极产生。根据产生磁场的方式，直流伺服电动机可分为永磁式和电磁式。永磁式磁极由永磁材料制成，电磁式磁极由冲压硅钢片叠压而成。

（2）转子：又称为电枢，由硅钢片叠压而成，表面嵌有线圈，通直流电时，在定子磁场作用下产生带动负载旋转的电磁转矩。

（3）电刷和换向器：为使所产生的电磁转矩保持恒定方向，转子能沿固定方向均匀地连续旋转，电刷与外加直流电源相接，换向器与电枢导体相接。

在直流电动机中，换向器和电刷的共同作用如下：

①将电刷间的直流电逆变成线圈中的交流电；

②把外面不转的电路与转动的电路连接。

按励磁的方式不同，可分为电磁式直流伺服电动机与永磁式直流伺服电动机两种。电磁式直流伺服电动机的磁场由励磁电流通过励磁绕组产生。按励磁绕组与电枢绕组连接方式的不同，又分为他励式、并励式和串励式三种，一般多用他励式。永磁式直流伺服电动机的磁场由永磁铁产生，无须励磁绕组和励磁电流。

按照直流伺服电动机的应用来划分，直流伺服电动机有以下几种：

（1）小惯量直流电动机：用于印刷电路板的自动钻孔机。

（2）中惯量直流电动机（宽调速直流电动机）：用于数控机床的进给系统。

（3）大惯量直流电动机：用于数控机床的主轴电动机。

（4）特种形式的低惯量直流电动机。

5.3.2　直流伺服电动机的控制原理

5.3.2.1　工作原理

载流导体在磁场中受到电磁力。若导体在磁场中的长度为 l，其中流过的电流为 I，导体所在处的磁密为 B，则导体所受到的电磁力为

$$F = BlI$$

电磁力的方向由左手定则确定。

在图 5 - 12 中，所有载流导体均受到逆时针方向的转矩，从而使电动机旋转。

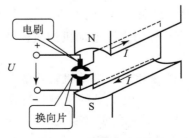

图 5 - 12　直流电动机工作原理图

5.3.2.2 调速方式

对于他励式直流电动机,当励磁电压恒定,而负载转矩一定时,升高电枢电压 U,电动机的转速随之增高;反之,减小电枢电压,电动机的转速降低。若电枢电压为零,则电动机停转。当电枢电压极性改变后,电动机的旋转方向也随之改变。因此把电枢电压作为控制信号,就可实现对电动机转速的控制。这种控制方式称为电枢控制式,电枢绕组称为控制绕组。

对于电磁式直流伺服电动机,采用电枢控制时,其励磁绕组由外加恒压的直流电源励磁;而永磁式直流伺服电动机则由永磁磁极励磁。

控制方式:

由直流电动机的基本原理分析得到:

$$n = (U - I_a R_a)/(C_e \Phi)$$

式中, n ——电动机的转速;

$\quad\quad U$ ——电枢电压;

$\quad\quad I_a$ ——电枢电流;

$\quad\quad R_a$ ——电枢电阻;

$\quad\quad C_e$ ——直流电动机的电势常数,对于已经制成的电动机,这个值是恒定的;

$\quad\quad \Phi$ ——磁通量。

由此可知,调节电动机转速的方法有三种:

(1) 改变电枢电压 U:调速范围较大,直流伺服电动机常用此方法调速,适用于电磁式和永磁式直流伺服电动机。

(2) 改变磁通量 Φ:通过改变励磁回路的电阻 R_a,以改变励磁电流 I_a,可以达到改变磁通量的目的。调磁调速因其调速范围较小,故常常作为调速的辅助方法,而主要的调速方法是调压调速,若采用调压与调磁两种方法互相配合,则可以获得很宽的调速范围,且可以充分利用电动机的容量,其仅适用于电磁式直流伺服电动机。但因停转时电枢电流大及磁极绕组匝数多、电感大、时间常数大等缺点,故很少采用。

(3) 在电枢回路中串联调节电阻 R_t(上式中无表示),此时有 $n = [U - I_a(R_a + R_t)]/(C_e \Phi)$。此法调转速只能调低,且电阻上的铜耗较大,方法并不经济,故很少采用。

5.3.2.3 直流伺服电动机的基本特性

传统的直流伺服电动机实质是容量较小的普通直流电动机,因此,其工作特性与普通直流电动机一致。

1. 机械特性

如图 5-13 所示,当输入的电枢电压 U_a($U_{a3} > U_{a2} > U_{a1}$) 保持不变时,电动机的转速 n 随电磁转矩 M 变化而变化的规律,称为直流电动机的机械特性。机械特性曲线是一组略微倾斜的直线。

斜率 K 值大,表示电磁转矩的变化引起电动机转速的变化大,这种情况称为直流电动机的机械特性软;反之,斜率 K 值小,电动机的机械特性硬。在直流伺服系统中,总是希望电动机的机械特性硬一些,这样当带动的负载变化时,引起的电动机转速变化小,有利于提高直流电动机的速度稳定性和工件的加工精度,但功耗增大。

在一定负载转矩下，当磁通不变时，如果升高电枢电压，电动机的转速就会升高；反之，降低电枢电压，转速就会下降；当 $U_a = 0$ 时，电动机立即停转。要电动机反转，可以改变电枢电压的极性。

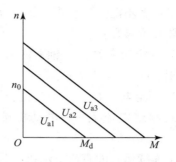

图 5 – 13　直流电动机的机械特性曲线

2. 调节特性

如图 5 – 14 所示，直流电动机在一定的电磁转矩 M（或负载转矩）下，其稳态转速 n 随电枢控制电压 U_a 的变化而变化的规律，称为直流电动机的调节特性。

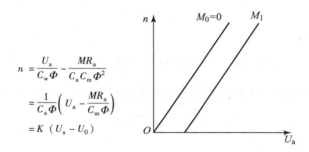

$$n = \frac{U_a}{C_w \Phi} - \frac{MR_a}{C_a C_m \Phi^2}$$
$$= \frac{1}{C_a \Phi}\left(U_a - \frac{MR_a}{C_m \Phi}\right)$$
$$= K\,(U_a - U_0)$$

图 5 – 14　直流电动机的调节特性曲线

其斜率 K 反映了电动机转速 n 随控制电压 U_a 的变化而变化快慢的关系，其值大小与负载大小无关，仅取决于电动机本身的结构和技术参数。

3. 动态特性

从原来的稳定状态到新的稳定状态，存在一个过渡过程，这就是直流电动机的动态特性。

$$\omega(t) = KU_a\left(1 - e^{\frac{t}{T_m}}\right)$$

其中，时间常数 T_m 的表达式为

$$T_m = \frac{2\pi}{60} \cdot \frac{R_a J}{C_a C_m \Phi^2}$$

决定时间常数的主要因素有：惯性 J、电枢回路 R_a 和机械特性硬度。

5.3.3　直流伺服电动机的应用

直流伺服电动机的选择是根据被驱动机械的负载转矩、运动规律和控制要求来确定的。

5.3.3.1　电动机的主要技术参数

电动机的额定值表示了电动机的主要性能数据和使用条件，是选用和使用电动机的依据。如果不了解这些额定值的含义，使用方法不对，就有可能使电动机性能变坏，甚至损坏电动机，或者不能充分利用。下面分别介绍几个主要额定值的含义。

主要技术参数：

（1）额定功率 P_e——轴上输出的机械功率（W），它等于额定电压、额定电流及额定效率的乘积，即 $P_e = U_e I_e \eta_e$。

（2）额定电压 U_e——电动机长期安全运行时所能承受的电压（V）。

（3）额定电流 I_e——电动机按规定的工作方式运行时，电枢绕组允许通过的电流（A）。

对于连续运行的直流电动机，其额定电流就是电动机长期安全运行的最大电流。短期超过额定电流是允许的，但长期超过额定电流将会使电动机绕组和换向器损坏。

（4）额定转速 n_e——电动机在额定电压、额定电流和额定功率情况下运行的电动机转速（r/min）。

速度控制技术指标：

（1）调速范围 D——电动机在额定负载下 $D = \dfrac{n_{\max}}{n_{\min}}$。

（2）静差度 s——电动机由理想空载增加到额定负载时转速降落 Δn_e 与理想转速 n_0 之比

$$s = \frac{n_0 - n_e}{n_0} = \frac{\Delta n_e}{n_0}$$

（3）调速的平滑性 Q——两个相近转速之比 $Q = \dfrac{n_i}{n_{i-1}}$，Q 越接近于 1，平滑性越好。

5.3.3.2 直流伺服电动机选取

直流伺服电动机的负载变化大，要求的精度高，为了提高性能，故对直流伺服电动机提出了如下要求：

（1）电动机在整个转速范围内都能平滑地运转，转矩波动小，特别是在低速时应仍有平稳的速度而无爬行现象。

（2）电动机应有一定的过载能力，以满足低速、大转矩的要求。

（3）为了满足快速响应的要求，电动机必须具有较小的转动惯量和较大的堵转转矩、尽可能小的机电时间常数和启动电压。

（4）电动机应能承受频繁的启动、制动和反转。

1. 转矩的要求

直流伺服电动机是根据负载来选取的，即加在伺服电动机轴上的负载转矩和负载惯量。负载转矩包括切削转矩和摩擦转矩；负载惯量指由伺服电动机驱动的、所有做旋转运动和直线运动的部件的惯量折算到伺服电动机轴上的惯量总和。加到伺服电动机轴上的负载转矩通常由下述公式计算：

$$M = FL/(2\pi\eta) + M_f$$

式中，M——加到伺服电动机轴上的负载转矩（N·m）；

F——沿丝杠轴向移动工作台所需的力（N）；

η——驱动系统的效率；

L——伺服电动机轴每转 1 转工作台的位移（m）；

M_f——折算到电动机轴上的滚珠丝杠螺母部分、轴承部分的摩擦转矩（N·m），不包括 η。

力 F 决定于工作台质量、摩擦系数以及水平和垂直方向的切削力，或是所用的平衡体的质量（在垂直方向时）。

不切削时：

$$F = \mu(W + f_g)$$

切削时：

$$F = \mu(W + f_g + f_{cf}) + f_c$$

式中，W——工作台和工件的质量（kg）；

$\quad f_g$——镶条夹紧力（N）；

$\quad f_c$——切削抗力（N）；

$\quad f_{cf}$——刀具切削时的轴向切削力（N）；

$\quad \mu$——摩擦系数。

2. **转动惯量的要求**

直流伺服电动机的惯量匹配与伺服电动机的种类及其应用场合有关，通常分两种情况：

1）小惯量直流伺服电动机

对于采用惯量较小的直流伺服电动机的伺服系统，通常推荐为

$$J_L/J_M \leqslant 4$$

式中，J_L——折算到电动机轴上的转动惯量；

$\quad J_M$——电动机轴中转子的转动惯量。

若 $J_L/J_M \geqslant 4$，则会对电动机的灵敏度和响应时间产生很大的影响，甚至使伺服放大器不能在正常调节范围内工作。

小惯量直流伺服电动机的惯量低达 $J_M \approx 5 \times 10^{-3} \text{kg} \cdot \text{m}^2$，其特点是转矩、惯量比大，机械时间常数小，加速能力强，所以其动态性能好、响应快。但是，使用小惯量电动机时容易对电源频率的响应发生共振，当存在间隙、死区时容易造成振荡和蠕动，故提出了"惯量匹配原则"，并在数控机床伺服进给系统采用大惯量电动机。

2）大惯量直流伺服电动机

对于采用惯量较大的直流伺服电动机的伺服系统，通常推荐为

$$0.25 \leqslant J_L/J_M \leqslant 4$$

所谓大惯量是相对于小惯量而言的，其数值 $J_M \approx 0.1 \sim 0.6 \text{kg} \cdot \text{m}^2$。

大惯量、宽调速直流伺服电动机的特点是惯量大、转矩大，且能在低速下提供额定转矩，常常不需要传动装置而与滚珠丝杠等直接相连，而且受惯性负载的影响小，调速范围大；热时间常数有的长达 100 min，比小惯量电动机的热时间常数 2 ~ 3min 长得多，并允许长时间过载；其转矩、惯量比高于普通电动机而低于小惯量电动机，其快速性在使用上已经足够；此外，由于其特殊构造使其转矩波动系数很小（<2%），因此，采用这种电动机能获得优良的低速范围的速度刚度和动态性能，因而在现代数控机床中应用较广。

3. **容量匹配**

在选择伺服电动机时，要根据电动机的负载大小确定伺服电动机的容量，即使电动机的

额定转矩与被驱动的机械系统负载相匹配。

若选择容量偏小的电动机，则可能在工作中出现带不动或电动机发热严重等现象，导致电动机寿命减小。反之，若电动机容量过大，则浪费了电动机的"能力"，且相应提高了成本，这也是不能容忍的。

2. 交、直流伺服电动机的容量匹配

直流伺服电动机的转矩—速度特性曲线分成连续工作区、断续工作区和加减速工作区。图 5−15 所示为直流伺服电动机的转矩—速度特性曲线。

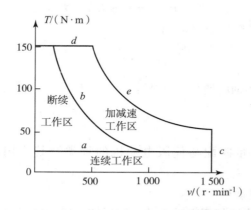

图 5−15　直流伺服电动机的转矩—速度特性曲线

在图 5−15 中，a、b、c、d、e 五条曲线组成了电动机的三个区域，描述了电动机输出转矩和速度之间的关系。

（1）在规定的连续工作区内，速度和转矩的任何组合都可长时间连续工作。

（2）在断续工作区内，电动机只允许短时间工作或周期性间歇工作，即工作一段时间，停歇一段时间，间歇循环允许工作时间的长短因载荷大小而异。

（3）加减速工作区是指电动机在该区域内加减速。

曲线 a 为电动机温度限制线，在此曲线上电动机达到绝缘所允许的极限值，故只允许电动机在此曲线内长时间连续运行。曲线 c 为电动机最高转速限制线，随着转速上升，电枢电压升高，整流子片间电压加大，超过一定值时有起火的危险。曲线 d 中最大转矩主要受永磁材料的去磁特性所限制，当去磁超过某值后，铁氧体的磁性将发生变化。

由于这三个工作区的用途不同，故电动机转矩的选择方法也应不同。但工程上常根据电动机发热条件的等效原则，将重复短时工作制的电动机等效于连续工作制的电动机来选择。

其基本方法是：计算在一个负载工作周期内，所需电动机转矩的均方根值及等效转矩，并使此值小于连续额定转矩，即可确定电动机的型号和规格。

常见变转矩和加减速控制的两种计算模型如图 5−16 所示。

图 5−16（a）所示为一般伺服系统的计算模型。根据电动机发热条件的等效原则，这种三角形转矩波在加减速时的均方根转矩由下式近似计算：

$$T_{\text{nns}} = \sqrt{\frac{1}{t_{\text{p}}} \int_0^{t_{\text{p}}} T^2 \, \mathrm{d}t} \approx \sqrt{\frac{T_1^2 t_1 + 3 T_2^2 t_2 + T_3^2 t_3}{3 t_{\text{p}}}} \ (\text{N} \cdot \text{m})$$

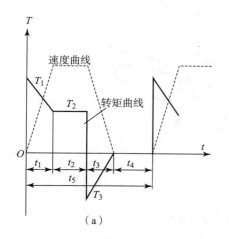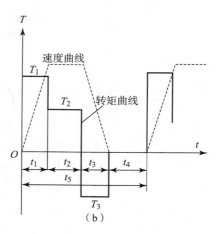

图 5 – 16   变载——加速控制计算构型

（a）三角形负载转矩曲线；（b）矩形波负载转矩曲线

式中，t_p——一个负载工作周期的时间，即 $t_p = t_1 + t_2 + t_3 + t_4$。

图 5 – 16（b）所示为常见矩形波负载转矩加减速计算模型，其均方根转矩由下式计算。

$$T_{nns} = \sqrt{\frac{T_1^2 t_1 + 3 T_2^2 t_2 + T_3^2 t_3}{t_1 + t_2 + t_3 + t_4}} \ (\text{N} \cdot \text{m})$$

以上两式只有在 t_p 比温度上升热时间常数 t_{th} 小得多（$t_p < t_{th}/4$），且 $t_p = t_g$ 时才能成立，其中 t_g 为冷却时的热时间常数，通常这些条件均能满足。

在选择伺服电动机的额定转矩 T_R 时，应使

$$T_R > T_{rms}$$

同样功率的电动机，额定转速高，则电动机尺寸小、重量轻。

电动机转速越高，传动比就会越大，这对于减小伺服电动机的等效转动惯量、提高电动机的负载能力有利。因此，在实际应用中，电动机常工作在高转速、低扭矩状态。

但是一般机电系统的机械装置工作在低转速、高扭矩状态，所以在伺服电动机与机械装置之间需要减速器匹配，在某种程度上讲，伺服电动机与机械负载的速度匹配就是减速器的设计问题。

减速器的减速比不可过大也不能太小，减速比太小，对于减小伺服电动机的等效转动惯量、有效提高电动机的负载能力不利；减速比过大，则减速器的齿隙、弹性变形、传动误差等势必影响系统的性能，精密减速器的制造成本也较高。

因此，应根据系统的实际情况，在对负载分析的基础上合理地选择减速器的减速比。

5.3.3.3   直流伺服电动机选择实例

1. 机床进给轴要求（见图 5 – 17）

（1）线位移脉冲当量：$\delta = 0.01\,\text{mm}$；

（2）最大进给速度：$v_2 = 6\,000\,\text{mm/min}$；

（3）加速时间：0.2 s；

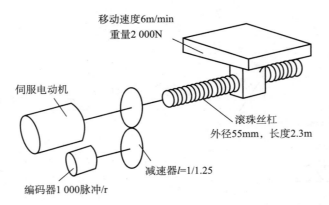

移动速度6m/min
重量2 000N

伺服电动机

滚珠丝杠
外径55mm，长度2.3m

减速器l=1/1.25

编码器1 000脉冲/r

图5－17　机床工作台进给示意图

（4）移动体的重量：$W = 2\,000\text{N}$；

（5）导轨上的摩擦系数：$\mu = 0.065$；

（6）电动机与丝杠直连，丝杠外径为55mm。

选择合适的直流伺服电动机。初选 M 系列直流伺服电动机。注：M 表示直流伺服电动机的型号，根据厂家不同，具体型号也不一样。

根据脉冲当量确定丝杠导程 t_{sp} 或齿轮传动比 i。

如图 5－17 所示，已知：

线位移脉冲当量 $\delta = 0.01\text{mm}$；

编码器的分辨率 $s = 1\,000$ 脉冲/r，相当于该轴上每个脉冲步距角为 $\theta_r = \dfrac{360°}{1\,000} = 0.36°$，换算到电动机轴上，有

$$\theta_m = \theta_r \times 1.25 = 0.45°$$

电动机直接驱动丝杠时，其中间齿轮传动比 $i = 1$。根据线位移脉冲当量的定义可知：

$$t_{sp} = \delta \times i \times \frac{360°}{\theta_m} = 0.01 \times 1 \times \frac{360°}{0.45°} = 8 \ (\text{mm})$$

2. 所需的电动机转速

已知 $v_2 = 6\,000\text{mm/min}$，则所需的电动机转速：

$$n_m = \frac{v_2}{t_{sp}} = \frac{6\,000}{8} = 750 \ (\text{r/min})$$

因此编码器轴上的转速为

$$n_r = \frac{n_m}{1.25} = 600\text{r/min}$$

3. 等效负载转矩的计算

已知：$W = 2\,000\text{N}$，$\mu = 0.065$。

移动时的摩擦力为

$$F_1 = \mu W = 130\text{N}$$

滚珠丝杠传动副的效率为

$$\eta = 0.9$$

根据机械效率公式，换算电动机轴上所需的转矩为

$$T_1 = \frac{\mu W t_{sp}}{2\pi\eta} = \frac{0.065 \times 2\,000 \times 0.8}{2\pi \times 0.9} = 18.39 \ (\text{N} \cdot \text{cm})$$

由于移动体的重量很大，故滚珠丝杠传动副必须事先预紧，当其预紧力为最大轴向载荷的 1/3 倍时，其刚度增加 2 倍，变形量减小 1/2。

预紧力

$$F_2 = \frac{1}{3}F_1 = 43.33\text{N}$$

螺母内部的摩擦系数 $\mu_m = 0.3$，则滚珠丝杠预紧后的摩擦力矩为

$$T_2 = \mu_m \frac{F_2 t_{sp}}{2\pi} = 0.3 \times \frac{43.33 \times 0.8}{2\pi} = 1.655 \ (\text{N} \cdot \text{cm})$$

在电动机轴上的等效负载力矩为

$$T_L = T_1 + T_2 = 18.39 + 1.655 = 20.045 \ (\text{N} \cdot \text{cm}) = 0.200\,45\text{N} \cdot \text{m}$$

4. 等效转动惯量的计算

根据运动惯量换算的动能相等原则，移动体换算到电动机轴上的等效转动惯量为

$$J_1 = \frac{W}{g}\left(\frac{t_{sp}}{2\pi}\right)^2 = \frac{20\,000}{9.81} \times \left(\frac{0.8}{2\pi}\right)^2 = 3.305 \ (\text{kg} \cdot \text{cm}^2)$$

传动体（含滚珠丝杠、齿轮及编码器等）换算到电动机轴上的等效转动惯量为

$$J_2 = 21.152\text{kg} \cdot \text{cm}^2$$

因此，换算到电动机轴上的等效转动惯量为

$$J_L = J_1 + J_2 = 3.305 + 21.152 = 24.457 \ (\text{kg} \cdot \text{cm}^2) = 2.45 \times 10^{-4}\text{kg} \cdot \text{m}^2$$

5. 初选直流伺服电动机

由以上计算得负载数据为

$$T_L = 20.045\text{N} \cdot \text{cm}, \ J_L = 2.45 \times 10^{-4}\text{kg} \cdot \text{m}^2$$

查伺服电动机选型手册，初步选取直流伺服电动机，伺服电动机参数为

$$T_R = 83\text{N} \cdot \text{cm}, \ J_m = 0.91 \times 10^{-4}\text{kg} \cdot \text{m}^2$$

验证惯量：

$$J_L/J_R = 2.45/0.91 = 2.69 < 3, \ n_R = 1\,000\text{r/min}, \ n_{max} = 1\,500\text{r/min}$$

根据以上计算得出惯量合适。

6. 计算电动机所需转矩

已知：加速时间 $t_1 = 0.5\text{s}$，电动机转速 $n_m = 750\text{r/min}$。

滚珠丝杠传动效率 $\eta = 0.9$。

根据动力学公式，电动机所需的转矩为

$$T_m = T_a + T_L = \frac{2\pi}{60}(J_m + J_L)\frac{n_m}{t_1\eta} + T_L$$

$$= \frac{2\pi}{60} \times (0.91 \times 10^{-4} + 2.45 \times 10^{-4}) \times \frac{750}{0.5 \times 0.9} \times 20.045$$

$$= 78.7 \ (\text{N} \cdot \text{cm})$$

已知：$T_1 = -T_2, t_1 = t_2$。

两个循环之间无停顿时间，因此其均方根转矩为

$$T_{rms} = \sqrt{\frac{T_1^2 t_1 + (-T_2)^2 t_2}{t_1 + t_2}} = T_m = 787\text{N} \cdot \text{cm}$$

$$T_R / T_{rms} = \frac{83}{78.7} = 1.055$$

根据以上计算得出转矩合适。

综上所述，可选该型号为 M 系列的直流伺服电动机。

5.4 交流伺服电动机驱动系统

由于直流伺服电动机具有优良的调速性能，因此长期以来，在要求调速性能较高的场合，直流电动机调速系统的应用一直占据主导地位。但直流电动机存在一些固有的缺点，如它的电刷和换向器容易磨损，需要经常维护；由于换向器换向时会产生火花，故使电动机的最高转速受到限制，也使应用环境受到限制；直流电动机的结构复杂，制造困难，所以铜铁材料消耗大、制造成本高。而交流电动机特别是交流感应电动机没有上述缺点，并且转子惯量较直流电动机小，使电动机的动态响应更好。在同样的体积下，交流电动机的输出功率可比直流电动机提高 10%～70%。

交流伺服电动机的基本类型：

1. 异步型

异步型交流伺服电动机指的是交流感应电动机。它有三相和单相之分，也有鼠笼式和线绕式，通常多用鼠笼式三相感应电动机。其结构简单，与同容量的直流电动机相比，质量轻 1/2，价格仅为直流电动机的 1/3。缺点是不能经济地实现范围很广的平滑调速，必须从电网吸收滞后的励磁电流，因而令电网功率因数变差。

这种鼠笼转子的异步型交流伺服电动机简称异步型交流伺服电动机，用 IM 表示。

2. 同步型

同步型交流伺服电动机虽较感应电动机复杂，但比直流电动机简单。它的定子与感应电动机一样，都装有对称三相绕组。而转子却不同，按结构不同其又可分为电磁式及非电磁式两大类。非电磁式又分为磁滞式、永磁式和反应式等多种。其中磁滞式和反应式同步电动机存在效率低、功率因数较差、制造容量不大等缺点。数控机床中多用永磁式同步电动机。与电磁式相比，永磁式的优点是结构简单、运行可靠、效率较高；缺点是体积大、启动特性欠佳。但永磁式同步电动机采用高剩磁感应、高矫顽力的稀土类磁铁后，可比直流电动机外形尺寸约小 1/2、质量减轻 60%，转子惯量减到直流电动机的 1/5。它与异步电动机相比，由于采用了永磁铁励磁，消除了励磁损耗及有关的杂散损耗，所以效率高。又因为没有电磁式同步电动机所需的集电环和电刷等，故其机械可靠性与感应（异步）电动机相同，而功率因数却远远高于异步电动机，从而使永磁同步电动机的体积比异步电动机小些。这是因为在低速时，感应（异步）电动机由于功率因数低，输出同样的有功功率时，它的视在功率却要大得多，而电动机主要尺寸是根据视在功率而定的。

5.4.1　交流伺服电动机的概述

5.4.1.1　交流伺服的概念

伺服来自英文单词 Servo，指系统跟随外部指令进行人们所期望的运动，运动要素包括位置、速度和力矩。伺服系统的发展经历了从液压、气动到电气的过程，而电气伺服系统包括伺服电动机、反馈装置和控制器。

20 世纪 80 年代以来，随着集成电路、电力电子技术和交流可变速驱动技术的发展，永磁交流伺服驱动技术有了新的突破，各国著名电气厂商相继推出各自的交流伺服电动机和伺服驱动器系列产品并不断完善和更新。交流伺服系统已成为当代高性能伺服系统的主要发展方向，使原来的直流伺服系统面临被淘汰的危机。20 世纪 90 年代以后，世界各国已经商品化了的交流伺服系统是采用全数字控制的正弦波电动机伺服驱动系统。交流伺服驱动装置在传动领域的发展日新月异。

交流伺服的优点：

（1）无电刷和换向器，因此工作可靠，对维护和保养要求低。

（2）定子绕组散热比较方便。

（3）惯量小，易于提高系统的快速性。

（4）适应于高速、大力矩工作状态。

伺服电动机内部的转子是永磁铁，驱动器控制的 U/V/W 三相电形成电磁场，转子在此磁场的作用下转动，同时电动机自带的编码器反馈信号给驱动器，驱动器根据反馈值与目标值进行比较，调整转子转动的角度。伺服电动机的精度决定于编码器的精度（线数）。

在交流伺服系统中，电动机的类型有永磁同步交流伺服电动机（PMSM）和感应异步交流伺服电动机（IM），其中，永磁同步电动机具备十分优良的低速性能，可以实现弱磁和高速控制，调速范围宽广，动态特性和效率都很高，已经成为伺服系统的主流之选。而异步伺服电动机虽然结构坚固、制造简单、价格低廉，但是在特性和效率上与同步电动机存在着差距，只在大功率场合得到重视。本部分讨论的重点将放在永磁同步交流伺服系统上。

永磁无刷直流电动机：永磁无刷直流电动机（PMSM）就是随着永磁材料技术、半导体技术和控制技术的发展而出现的一种新型电动机。无刷直流电动机诞生于 20 世纪 50 年代，并在 60 年代开始用于宇航事业和军事装备，80 年代以后出现了价格较低的钕铁硼永磁，研发重点逐步推广到工业、民用设备和消费电子产业。本质上，无刷直流电动机是根据转子位置反馈信息采用电子换相运行的交流永磁同步电动机，与有刷直流电动机相比具有一系列优势，近年得到了迅速发展，在许多领域的竞争中不断取代直流电动机和异步电动机。到 20 世纪 90 年代之后，永磁电动机向大功率、高性能和微型化发展，出现了单机容量超过 1 000kW、最高转速超过 300 000r/min、最低转速低于 0.01r/min、最小体积只有 0.8mm × 1.2mm 的品种。

实际上，永磁无刷直流电动机和本部分重点论述的永磁交流伺服电动机都属于永磁交流同步电动机。按照反电动势波形和驱动电流的波形，可以将永磁同步电动机分为方波驱动和正弦波驱动型，前者就是我们常说的无刷直流电动机；后者又称为永磁同步交流伺服电动机，主要用于伺服控制的场合。

5.4.1.2 交流伺服的性能指标

交流伺服系统的性能指标可以从调速范围、定位精度、稳速精度、动态响应和运行稳定性等方面来衡量。低挡的伺服系统调速范围在 1:1 000 以上，一般的在 1:5 000 ~ 1:10 000，高性能的可以达到 1:100 000 以上；定位精度一般都要达到 ±1 个脉冲，稳速精度，尤其是低速下的稳速精度，比如给定 1r/min 时，一般的在 ±0.1r/min 以内，高性能的可以达到 ±0.01r/min 以内；动态响应方面，通常衡量的指标是系统最高响应频率，即给定最高频率的正弦速度指令，系统输出速度波形的相位滞后不超过 90°或者幅值不小于 50%。进口三菱伺服电动机 MR-J3 系列的响应频率高达 900Hz，而国内主流产品的频率在 200 ~ 500Hz。运行稳定性方面，主要是指系统在电压波动、负载波动、电动机参数变化、上位控制器输出特性变化、电磁干扰以及其他特殊运行条件下，维持稳定运行并保证一定的性能指标的能力。

5.4.1.3 交流伺服的控制方法

在控制策略上，基于电动机稳态数学模型的电压频率控制方法和开环磁通轨迹控制方法都难以达到良好的伺服特性，目前普遍应用的是基于永磁电动机动态解耦数学模型的矢量控制方法，这是现代伺服系统的核心控制方法。虽然人们为了进一步提高控制特性和稳定性，提出了反馈线性化控制、滑模变结构控制、自适应控制等理论，还有不依赖数学模型的模糊控制和神经元网络控制方法，但大多只是在矢量控制的基础上附加应用这些控制方法。还有，高性能伺服控制必须依赖高精度的转子位置反馈，人们一直希望取消这个环节，故发展了无位置传感器技术（Sensorless Control）。至今，在商品化的产品中，采用无位置传感器技术只能达到大约 1:100 的调速比，可以用在一些低挡、对位置和速度精度要求不高的伺服控制场合中，比如单纯追求快速启停和制动的缝纫机伺服控制，这个技术的高性能化还有很长的路要走。

5.4.1.4 交流伺服的控制应用

现代交流伺服系统最早被应用到宇航和军事领域，比如火炮、雷达控制，现逐渐进入到工业领域和民用领域。工业应用主要包括高精度数控机床、机器人和其他广义的数控机械的应用，比如纺织机械、印刷机械、包装机械、医疗设备、半导体设备、邮政机械、冶金机械、自动化流水线、各种专用设备等。其中伺服用量最大的行业依次是机床、食品包装、纺织、电子半导体、塑料、印刷和橡胶机械，合计超过 75%。

在数控机床中使用永磁无刷伺服电动机代替步进电动机做进给已经成为标准，部分高端产品开始采用永磁交流直线伺服系统。在主轴传动中，采用高速永磁交流伺服取代异步变频驱动来提高效率和速度也成为热点。20 世纪 90 年代以来，欧、美、日各国争相开发应用新一代高速数控机床，高速电动机主轴单元转速在 30 000 ~ 100 000r/min，工作台的进给速度在分辨率为 1μm 时达到 100m/min，甚至 200m/min 以上；在分辨率为 0.1μs 时，在 24m/min 以上。当今数控机床突出高速、高精、高动态、高刚性的特点，对位置系统的要求包括：定位速度和轮廓切削进给速度；定位精度和轮廓切削精度；精加工的表面粗糙度；在外界干扰下的稳定性。这些要求的满足主要取决于伺服系统的静态和动态特性。我们已经看到国产伺服系统比如广数的产品在经济型数控机床上的广泛应用，但是在中、高档数控机床上采用国产伺服系统仍然存在困难，其中性能是一个重要方面，还有就是稳定性和可靠性问题，或许品牌效应也是难以短时间逾越的障碍。

在机器人领域，无刷永磁伺服系统得到大量应用。工业机器人拥有多个自由度，每台工业机器人需要的电动机数量都在 10 台以上。目前在世界范围内工业机器人拥有量超过 100 万台，机器人的需求量年增长率在 30% 以上。国际上工业机器人采用的伺服系统属于专用系统，多轴合一，模块化，特殊的散热结构，特殊的控制方式，对可靠性要求极高。国际机器人巨头都有自己的专属伺服配套系统，比如安川、松下和 ABB，这方面与国内的企业差距明显。国产工业机器人厂家仍然在采用标准的进口交流伺服系统，国产伺服系统想进入工业机器人配套领域，就更加遥远。不过，我们也看到在一些特殊机器人领域，比如反恐防爆机器人、矿井救灾机器人等轻便移动机器人，采用了国产基于低压直流供电的微型无刷伺服系统，比如和利时电动机的蜂鸟系列就获得了成功。当然，在更广泛的机器人领域，需要的不仅仅是交流伺服电动机，还包括各种其他微型、特型电动机，如直流伺服电动机、直线电动机、测速发电机、旋转变压器和力矩电动机等。

5.4.1.5 交流伺服的发展状况

1. 交流伺服的现状

交流伺服系统的相关技术，一直随着用户的需求而不断发展。电动机、驱动、传感和控制等关联技术的不断变化，造就了各种各样的配置。就电动机而言，可以采用盘式电动机、无铁芯电动机、直线电动机和外转子电动机等；驱动器可以采用各种功率电子元件；传感和反馈装置可以是不同精度、性能的编码器，以及旋转变压器和霍尔元件，甚至是无传感器技术；控制技术从采用单片机开始，一直到采用高性能 DSP 和各种可编程模块，以及现代控制理论的实用化，等等。

2. 交流伺服的发展方向

1）高效率化

尽管这方面的工作早就在进行，但是仍需要继续加强，主要包括电动机本身的高效率，比如永磁材料性能的改进和更好的磁铁安装结构设计；也包括驱动系统的高效率化，包括逆变器驱动电路的优化、加减速运动的优化、再生制动和能量反馈以及更好的冷却方式等。

2）直接驱动

直接驱动包括采用盘式电动机的转台伺服驱动和采用直线电动机的线性伺服驱动，由于消除了中间传递误差，故而实现了高速化和高定位精度。直线电动机容易改变形状的特点可以使采用线性直线机构的各种装置实现小型化和轻量化。

3）高速、高精、高性能化

采用更高精度的编码器（每转百万脉冲级），更高的采样精度和数据位数，速度更快的 DSP，无齿槽效应的高性能旋转电动机、直线电动机，以及应用自适应、人工智能等各种现代控制策略，不断提高伺服系统的指标。

4）一体化和集成化

电动机、反馈、控制、驱动、通信的纵向一体化成为当前小功率伺服系统的一个发展方向。有时我们称这种集成了驱动和通信的电动机为智能化电动机（Smart Motor），把集成了运动控制和通信的驱动器称为智能化伺服驱动器。电动机、驱动和控制的集成使三者从设计、制造到运行、维护都更紧密地融为一体。但是这种方式面临着更大的技术（如可靠性）和工程师使用习惯的挑战，因此很难成为主流，在整个伺服市场中是一个很小的、有特色的部分。

5）通用化

通用型驱动器配置有大量的参数和丰富的菜单功能，便于用户在不改变硬件配置的条件下，方便地设置成 V/F 控制、无速度传感器开环矢量控制、闭环磁通矢量控制、永磁无刷交流伺服电动机控制及再生单元等五种工作方式，适用于各种场合，可以驱动不同类型的电动机，比如异步电动机、永磁同步电动机、无刷直流电动机、步进电动机，也可以适应不同的传感器类型，甚至无位置传感器。可以使用电动机本身配置的反馈构成半闭环控制系统，也可以通过接口与外部的位置或速度或力矩传感器构成高精度全闭环控制系统。

6）智能化

现代交流伺服驱动器都具备参数记忆、故障自诊断和分析功能，绝大多数进口驱动器都具备负载惯量测定和自动增益调整功能，有的可以自动辨识电动机的参数，自动测定编码器零位；有些则能自动进行振动抑止。将电子齿轮、电子凸轮、同步跟踪、插补运动等控制功能和驱动结合在一起，对于伺服用户来说，则提供了更好的体验。

7）网络化、模块化和预测性维护

随着机器安全标准的不断发展，传统的故障诊断和保护技术（问题发生的时候判断原因并采取措施避免故障扩大化）已经落伍，最新的产品嵌入了预测性维护技术，使得人们可以通过 Internet 及时了解重要技术参数的动态趋势，并采取预防性措施。比如：关注电流的升高，负载变化时评估尖峰电流，外壳或铁芯温度升高时监视温度传感器，以及对电流波形发生的任何畸变保持警惕等。

8）专用化和多样化

虽然市场上存在通用化的伺服产品系列，但是为某种特定应用场合专门设计制造的伺服系统比比皆是。利用磁性材料的不同性能、不同形状、不同表面黏接结构（SPM）和嵌入式永磁（IPM）转子结构的电动机出现，以及分割式铁芯结构工艺在日本的使用使永磁无刷伺服电动机的生产实现了高效率、大批量和自动化，并引起了国内厂家的研究。

9）小型化和大型化

无论是永磁无刷伺服电动机还是步进电动机都积极向更小的尺寸发展，比如 20mm、28mm、35mm 外径；同时也在发展更大功率和尺寸的机种，已经有 500kW 永磁伺服电动机出现，体现了向两极化发展的倾向。

10）其他动向

发热抑制、静音化和清洁技术等。

5.4.2　交流伺服电动机的调速原理

伺服电动机又称执行电动机。其功能是将输入的电压控制信号转换为轴上输出的角位移和角速度，驱动控制对象。

伺服电动机可控性好，反应迅速，是自动控制系统和计算机外围设备中常用的执行元件。

交流伺服电动机就是一台两相交流异步电动机。它的定子上装有空间互差 90° 的两个绕组：励磁绕组和控制绕组，其结构如图 5 – 18 所示。

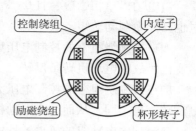

图 5 – 18　交流伺服电动机结构图

励磁绕组串联电容 C 是为了产生两相旋转磁场。适当选择电容的大小，可使通入两个绕组的电流相位差接近 90°，从而产生所需的旋转磁场。

控制电压 $\dot{U}_1$ 与电源电压 $\dot{U}$ 频率相同、相位相同或反相。

交流伺服电动机的工作原理与单相异步电动机有相似之处，其接线图和相量图如图 5 – 19 所示。

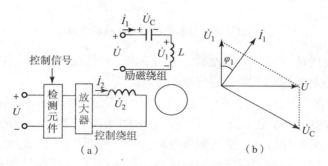

图 5 – 19　交流伺服电动机的接线图和相量图

（a）接线图；（b）相量图

励磁绕组固定接在电源上，当控制电压为零时，电动机无启动转矩，转子不转。

若有控制电压加在控制绕组上，且励磁电流 $\dot{I}_1$ 和控制绕组电流 $\dot{I}_2$ 不同相，便产生两相旋转磁场。在旋转磁运的作用下，转子便转动起来。

交流伺服电动机的特点：不仅要求它在静止状态下能服从控制信号的命令而转动，而且要求在电动机运行时如果控制电压变为零，电动机能立即停转。

如果交流伺服电动机的参数选择和一般单相异步电动机相似，电动机一经转动，即使控制电压等于零，电动机仍继续转动，电动机失去控制，这种现象称为"自转"。

如何克服"自转"现象呢？

当电动机单相励磁，且 $0 < s_1 < 1$ 时，转矩为正值，产生电动转矩，使转子继续转动；反转时也同样为电动转矩。如图 5 – 20 所示。

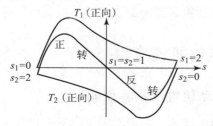

图 5 – 20　正、反向旋转磁场的合成转矩特性

当电动机单相励磁，且 $0 < s_1 < 1$ 时，转矩为负值，产生制动转矩，使转子停转。反转时也同样为制动转矩。

加在控制绕组上的控制电压反相时（保持励磁电压不变），由于旋转磁场的旋转方向发生变化，故使电动机转子反转。

加在控制绕组上的控制电压大小变化时，其产生的旋转磁场的椭圆度不同，从而产生的电磁转矩也不同，从而改变电动机的转速。

交流伺服电动机的机械特性曲线如图 5 – 21 所示。

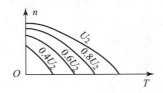

图 5 – 21　不同控制电压下的机械特性曲线

在励磁电压不变的情况下，随着控制电压的下降，特性曲线下移。在同一负载转矩作用时，电动机转速随控制电压的下降而均匀减小。

交流伺服电动机的结构主要可分为两部分，即定子部分和转子部分。其中定子的结构与旋转变压器的定子基本相同，在定子铁芯中也安放着空间互成 90°电角度的两相绕组，其中一组为励磁绕组，另一组为控制绕组，交流伺服电动机是一种两相的交流电动机。交流伺服电动机在使用时，励磁绕组两端施加恒定的励磁电压 U_f，控制绕组两端施加控制电压 U_k。当定子绕组加上电压后，伺服电动机很快就会转动起来。通入励磁绕组及控制绕组的电流在电动机内产生一个旋转磁场，旋转磁场的转向决定了电动机的转向，当任意一个绕组上所加的电压反相时，旋转磁场的方向就发生改变，电动机的方向也发生改变。为了在电动机内形成一个圆形旋转磁场，要求励磁电压 U_f 和控制电压 U_K 之间应有 90°的相位差，常用的方法有：

（1）利用三相电源的相电压和线电压构成 90°的移相。

（2）利用三相电源的任意线电压。

（3）采用移相网络。

（4）在励磁相中串联电容器。

伺服电动机可使控制速度、位置精度非常准确，可以将电压信号转化为转矩和转速以驱动控制对象。伺服电动机转子转速受输入信号控制，并能快速反应，在自动控制系统中用作执行元件，且具有时间常数小、线性度高、始动电压等特性，可把所接收到的电信号转换成电动机轴上的角位移或角速度输出。其一般分为直流和交流伺服电动机两大类，主要特点是，当信号电压为零时无自转现象，转速随着转矩的增加而匀速下降。

5.4.3　交流伺服电动机的应用

5.4.3.1　交流伺服电动机性能指标说明

为了更好地应用交流伺服电动机，我们必须了解下列指标。

1. 控制精度

交流伺服电动机的精度取决于电动机编码器的精度。以伺服电动机为例，其编码器为16 位，驱动器每接收 $2^{16}=65\ 536$ 个脉冲，电动机转一圈，其脉冲当量为 $360/65\ 536=0.005\ 5$，并实现了位置的闭环控制，从根本上克服了步进电动机的失步问题。

2. 矩频特性

交流伺服电动机在其额定转速（一般为 2 000r/min 或 3 000r/min）以内为恒转矩、恒功率输出。

3. 过载能力

交流伺服电动机具有较强的过载能力。它具有速度过载和转矩过载能力，最大转矩为额定转矩的 2~3 倍，可用于克服惯性负载启动瞬间的惯性力矩。

4. 加速性能

步进电动机空载时从静止加速到每分钟几百转，需要 200~400ms。交流伺服电动机的加速性能较好，仅需几毫秒就可从静止加速到其额定转速。

5. 低频响应

交流伺服电动机运转非常平稳，即使在低速时也不会出现振动现象。交流伺服系统具有共振抑制功能，可弥补机械的刚性不足，并且系统内部具有频率解析机能（FFT），可检测出机械的共振点，便于系统调整。

6. 运行方式

交流伺服驱动系统为闭环控制，驱动器可直接对电动机编码器反馈信号进行采样，内部构成位置环和速度环，一般不会出现步进电动机丢步或过冲的现象，控制性能更为可靠。

5.4.3.2　交流伺服控制系统的控制方式

交流伺服控制器主要由速度控制器、电流控制器和 PWM 生成电路组成。控制方式上交流伺服控制用脉冲串和方向信号实现。交流伺服控制系统有三种控制方式：速度控制、转矩控制和位置控制。

1. 速度控制

速度控制方式主要以模拟量来控制。如果对位置和速度有一定的精度要求，则用速度或位置模式较好；如果上位控制器有比较好的闭环控制功能，则可选用速度控制。根据电动机的类型，调速控制系统也分为不同类型，如异步电动机的变频调速和同步电动机的变频调速。异步电动机的变频调速又分为笼型异步电动机的变频调速和 PWM 型变频调速。下面以PWM 型变频调速为例来详细说明交流伺服系统的控制原理。

图 5-22 给出了 PWM 调速系统示意图，主电路由不可控整流器 UR、平波电容器 C 和逆变器 UI 构成。逆变器输入固定不变的直流电压，通过调节逆变器输出电压的脉冲宽度与频率来实现调压和调频，同时减小三相电流波形畸变的输出。这种形式的主电路特点如下。

（1）由于主要电路只有一个功率控制级 UI，因而结构简单。

（2）由于使用了不可控整流桥，因而电网功率因数与逆变器的输出大小无关。

（3）逆变器在调频时实现调压，与中间直流环节的元件参数无关，从而加快了系统的

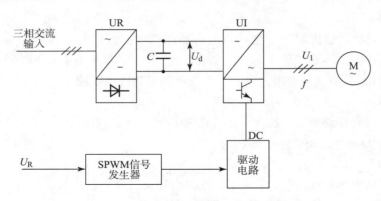

图 5 - 22　PWM 调速系统示意图

动态响应。实际的变频调速系统一般都需要加上完善的保护，以确保系统安全运行。

2. 位置控制

在有上位控制装置的外环 PID 控制中，速度模式也可以进行定位，但必须把电动机的位置信号或直接负载的位置信号给上位反馈以作运算用。位置模式也支持直接负载外环检测位置信号，电动机轴端的编码器只检测电动机转速。由于位置模式对速度和位置都有很严格的控制，因而其主要应用于定位装置，如数控机床、印刷机械等。

3. 转矩控制

转矩控制方式实际上就是通过外部模拟量的输入或直接的地址赋值来设定电动机轴输出转矩。例如，若 10V 对应 5N·m，当外部模拟量设定为 5V 时，电动机轴输出为 2.5N·m。当电动机轴负载低于 2.5N·m 时，电动机正转；外部负载等于 2.5N·m 时，电动机不转；大于 2.5N·m 时，电动机反转（通常在有重力负载情况下产生）。可以通过即时改变模拟量的设定来改变设定力矩的大小，也可通过通信方式改变对应地址的数值来实现。转矩控制主要应用在对材质受力有严格要求的缠绕和放卷的装置中，例如绕线装置或拉光纤设备。

5.4.3.3　交流伺服电动机的选型计算

（1）转速和编码器分辨率的确认。

（2）电动机轴上负载力矩的折算和加减速力矩的计算。

（3）计算负载惯量、惯量的匹配，部分产品惯量匹配可达 50 倍，但实际越小越好，这样对精度和响应速度好。

（4）再生电阻的计算和选择，对于伺服电动机，一般在 2kW 以上要外配置。

（5）电缆选择，编码器电缆是双绞屏蔽的。

5.4.3.4　调试方法

1. 初始化参数

在进行调试之前，先断开伺服系统主电源来初始化参数。

在数控系统上：选好控制方式；将 PID 参数清零；让数控系统上电时默认使能信号关闭；将此状态保存，确保数控系统再次上电时即为此状态。

在伺服电动机上：设置控制方式；设置使能由外部控制；设置编码器信号输出的齿轮

比；设置控制信号与电动机转速的比例关系。一般来说，建议使伺服工作中的最大设计转速对应 9V 的控制电压。

2. 数控系统与伺服之间的调试

将数控系统断电，连接数控系统与伺服之间的信号线。以下的线是必须接的：数控系统的模拟量输出线、使能信号线、伺服输出的编码器信号线。复查接线没有错误后，电动机和数控系统上电。此时电动机应该不动，而且可以用外力轻松转动，如果不是这样，则检查使能信号的设置与接线。用外力转动电动机，检查控制卡是否可以正确检测到电动机位置的变化，否则检查编码器信号的接线和设置。

3. 接通主电源调试方向

必须特别注意：在接通主电源调试伺服电动机方向前，应确保急停开关和限位开关绝对有效，以及机械限位装置绝对可靠。

对于一个闭环控制系统，如果反馈信号的方向不正确，则后果将是灾难性的（会产生"飞车"现象）。通过数控系统打开伺服的使能信号，这时伺服应该以一个较低的速度转动，这就是传说中的"零漂"。一般数控系统上都会有抑制零漂的指令或参数，使用这个指令或参数，观察电动机的转速和方向是否可以通过这个指令（参数）控制。如果不能控制，检查模拟量接线及控制方式的参数设置。确认给出正数，电动机正转，编码器计数增加；给出负数，电动机反转，编码器计数减小。

如果电动机带有负载，行程有限，则不要采用这种方式。对于开环和半闭环机床，可采用机械上脱开负载的方式来进行调试；而全闭环机床则不能用脱开负载调试的方式，因为全闭环的反馈信号是从工作台上反馈来的。测试不要给过大的电压，建议在 1V 以下。如果方向不一致，可以修改数控系统或电动机上的参数，使其一致。

4. 抑制零漂

在闭环控制过程中，零漂的存在会对控制效果有一定的影响，必须将其抑制住。使用数控系统或在伺服上抑制零漂的参数，仔细调整，使电动机的转速为零。

5. 建立闭环控制

再次通过数控系统将伺服使能信号放开，在数控系统上输入一个较小的比例增益（至于多大算较小，这只能凭感觉了，如果实在不放心，就输入数控系统能允许的最小值），将数控系统和伺服的使能信号打开，这时电动机应该已经能够按照运动指令大致做出动作了。

6. 调整闭环参数

细调控制参数，确保电动机按照数控系统的指令运动，这是必须做的工作，而这部分工作更多的是根据伺服系统生产厂家的说明书及电气工程师的经验操作。

5.4.3.5　制动方式

数控机床由于结构或用途，有时会需要制动功能。制动功能有以下三种：电磁制动（电动机抱闸制动）、再生制动和动态制动。

动态制动器由动态制动电阻组成，在故障、急停、电源断电时通过能耗制动缩短伺服电动机的机械进给距离。

再生制动是指伺服电动机在减速或停车时将制动产生的能量通过逆变回路反馈到直流母线，经阻容回路吸收。

电磁制动（电机抱闸制动）是通过机械装置锁住电动机的轴。

三者的区别：

（1）再生制动必须在伺服器正常工作时才起作用，在故障、急停、电源断电等情况下无法制动电动机。动态制动器和电磁制动工作时不需要电源。

（2）再生制动的工作是系统自动进行，而动态制动器和电磁制动的工作需要由外部继电器控制。

（3）电磁制动一般在 SV、OFF 后启动，否则可能造成放大器过载；动态制动器一般在 SV、OFF 或主回路断电后启动，否则可能造成动态制动电阻过热。

5.4.3.6　注意事项

1. 伺服电动机油和水的保护

（1）伺服电动机可以用在会受水或油滴侵袭的场所，但是它不是全防水或防油的。因此，伺服电动机不应当放置或使用于水中或油浸的环境中。

（2）如果伺服电动机连接到一个减速齿轮，使用伺服电动机时应当加油封，以防止减速齿轮的油进入伺服电动机。

（3）伺服电动机的电缆不要浸没在油或水中。

2. 伺服电动机电缆→减小应力

（1）确保电缆不因外部弯曲力或自身重量而受到力矩或垂直负荷，尤其是在电缆出口或连接处。

（2）在伺服电动机移动的情况下，应把电缆（就是随电机配置的那根）牢固地固定到一个静止的部分（相对电动机），并且应当用一个装在电缆支座里的附加电缆来延长它，这样弯曲应力可以减到最小。

（3）电缆的弯头半径应做到尽可能大。

3. 伺服电动机允许的轴端负载

（1）确保在安装和运转时加到伺服电动机轴上的径向和轴向负载控制在每种型号的规定值以内。

（2）在安装一个刚性联轴器时要格外小心，特别是过度地弯曲负载可能导致轴端和轴承损坏或磨损。

（3）最好用柔性联轴器，以便使径向负载低于允许值，此物是专为高机械强度的伺服电动机而设计的。

（4）关于允许轴负载，请参阅"允许的轴负荷表"（使用说明书）。

4. 伺服电动机安装注意

（1）在安装/拆卸耦合部件到伺服电动机轴端时，不要用锤子直接敲打轴端（锤子直接敲打轴端，伺服电动机轴另一端的编码器会被破坏）。

（2）竭力使轴端对齐到最佳状态（对不好可能导致振动或轴承损坏）。

5.4.3.7　交流伺服电动机选择实例

交流伺服电动机的容量匹配原则与方法和直流电动机相同，详情参见直流伺服电动机选择实例。

本章小结

本章首先介绍了伺服驱动系统的概念、作用、分类、特点和应用，并列举了三类伺服系统的应用：步进电动机伺服驱动系统、直流电动机伺服系统、交流伺服电动机驱动系统。其次介绍了反应式步进电动机和感应子式步进电动机的工作原理，步进电动机的驱动控制流程和主要的应用，直流电动机伺服系统的分类、控制原理和应用。最后介绍了交流伺服电动机驱动系统的概念、调速原理和应用。

习　题

5-1　数控机床对伺服驱动系统提出了哪些要求？

5-2　什么是伺服驱动系统？伺服驱动系统的特点是什么？

5-3　步进电动机开环伺服系统由哪几部分组成？简述其工作原理。

5-4　步进电动机的选择步骤有哪几部分？简要说明。

5-5　假定：拖板重量 $M = 3\,000\text{N}$，拖板与导轨之间的摩擦系数为 0.06，车削时的最大切削负载为 $2\,000\text{N}$，切削分力 $F_Y = 2F_Z = 4\,300\text{N}$（垂直于导轨），要求刀具切削时的进给速度 $v_1 = 10 \sim 500\text{mm/min}$，快速行程速度 $= 3\,000\text{mm/min}$，滚珠丝杠名义直径 $d_0 = 32\text{mm}$，导程 $t_{sp} = 5\text{mm}$，丝杠总长 $l = 1\,500\text{mm}$，拖板最大行程为 $1\,150\text{mm}$，定位精度为 $\pm 0.01\text{mm}$，请通过计算选择合适的步进电动机。

5-6　直流伺服电动机的速度控制原理是什么？

5-7　简述永磁交流伺服电动机的结构及工作原理。

5-8　交流电动机的调速原理是什么？有几种调速方法？

5-9　假定机床 X 轴的参数如下：线位移脉冲当量为 $\delta = 0.01\text{mm}$，最大进给速度为 $v_2 = 6\,000\text{mm/min}$，加速时间为 0.3s，移动体的重量为 $W = 4\,000\text{N}$，导轨上的摩擦系数为 $\mu = 0.065$，电动机与丝杠直连，丝杠外径为 50mm，请通过计算选择合适的直流伺服电动机。

第6章　数控机床及加工中心的位移检测系统

6.1　概　　述

位置检测装置是数控机床的重要组成部分，在闭环数控系统中，必须利用位置检测装置随时把机床运动部件的实际位移量检测出来，与给定的控制值（指令信号）进行比较，从而控制驱动元件正确运转，使工作台（或刀具）按规定的轨迹和坐标移动。数控机床加工中的位置精度主要取决于数控机床驱动元件和位置检测装置的精度。因此，位置检测装置是数控机床的关键部件之一，它对于提高数控机床的加工精度有决定性的作用。

6.1.1　检测装置的性能指标与要求

通常位置检测装置的精度指标主要包括系统精度和系统分辨率。系统精度是指在某单位长度或角度内的最大累计测量误差，目前直线位移的测量精度可达 ±（0.001~0.002）mm/m，角位移的测量精度可达 ±10″/360°。而系统分辨率是指位置检测装置能够测量的最小位移量，目前直线位移的分辨率可达 0.001mm，角位移的分辨率可达 2″。通常检测装置能检测到的数控机床运动部件的运动速度为 0~24m/min。

数控机床对检测装置的要求主要有：
（1）高可靠性和抗干扰性。
（2）满足精度和速度的要求。
（3）高精度保持性。
（4）使用及维护方便，适应机床工作环境。
（5）成本低。

6.1.2　检测装置的分类

6.1.2.1　增量式与绝对式

1. 增量式测量

增量式测量只测量相对位移量，如果测量单位为 0.001mm，则每移动 0.001mm 就发出一个脉冲信号。在轮廓控制数控机床上多采用这种测量方式，其优点是测量装置结构简单。但由于测量结果是增量形式，一旦某一处测量有误，则在其后的累加测量值均是错误的，因此可能产生累积误差。而且，增量式测量在断电后不能记忆绝对坐标值，所以采用这种测量方式的数控机床在开机时，必须进行"回零"操作，其在发生断电故障时，不能再找到事故前的正确位置，只能在故障排除后回零重新计数才能找到正确位置。

2. 绝对式测量

绝对式测量方式对于被测量点的位置都是由一个固定的零点作为基准的，每一点都有一个相应的测量值。采用这种方式，分辨率要求越高，量程越大，结构就越复杂。

6.1.2.2　直接式与间接式

若测量传感器所测量的指标就是所要求的指标，即直线型传感器测量直线位移、回转型传感器测量角位移，则该测量方式为直接测量。典型的直接测量装置为光栅、感应同步器或磁尺、编码器。其测量精度主要取决于测量系统本身的精度，不受机床传动精度的直接影响。但测量直线位移时，检测装置要和行程等长，这对于大型机床而言是不利的。

若回转传感器测量的角位移只是中间值，由它再推算出与之对应的工作台直线位移，那么该测量方式为间接测量。该方法使用方便且无长度限制，但其测量精度取决于测量装置和机床传动系统的精度。典型的间接测量装置为码盘和旋转变压器。

6.1.2.3　模拟式与数字式

数字式测量是将被测量以数字形式表示。数字式测量输出信号一般是电脉冲，可以直接送到数控装置（计算机）进行比较、处理。其典型的检测装置为光栅位移测量装置。

数字式测量的特点如下：

（1）被测量量化后转换为脉冲个数，便于显示处理。

（2）测量精度取决于测量单位，与量程基本无关。

（3）检测装置比较简单，脉冲信号抗干扰能力强。

模拟式检测是将被测量用连续的变量表示，如用电压或相位的变化来表示。在大量程内做精确的模拟式检测技术要求较高，故在数控机床中，模拟式检测主要用于小量程测量。

模拟式测量的主要特点如下：

（1）直接对被测量进行检测，无须量化。

（2）在小量程内可以实现高精度检测。

（3）可用于直接检测和间接检测。

典型的模拟式测量装置有旋转变压器、感应同步器和磁栅等。

数控机床常用检测装置的分类见表 6 - 1。

表 6 - 1　数控机床常用检测装置的分类

名称	增量式	绝对式	直接式	间接式	模拟式	数字式
光栅	●		●			●
旋转变压器	●			●	●	
感应同步器	●				●	
光电式脉冲编码器						●

续表

名称	增量式	绝对式	直接式	间接式	模拟式	数字式
绝对式脉冲编码器		●				●
磁栅	●				●	

6.2　感应同步器

　　感应同步器是利用两个平面印刷电路绕组的电磁耦合原理，检测运动件的直线位移或角位移的传感器。它属于模拟式测量，其输出电压随被测直线位移或角位移而改变。

　　感应同步器按其结构可分为直线型和旋转型两类。直线型感应同步器用于直线位移测量，旋转型感应同步器用于角位移测量。两者结构略有不同，但其工作原理相同。

　　感应同步器的抗干扰性强，对环境要求低，机械结构简单，大量程时接长方便，加之成本较低，所以在数控机床检测系统中得到了广泛的应用。

6.2.1　直线型感应同步器的结构

　　直线型感应同步器的结构如图 6 - 1 所示，其定尺和滑尺的基板采用与机床热膨胀系数相近的钢板制成，钢板上用绝缘黏结剂贴有铜箔，并利用腐蚀的办法做成图 6 - 1 所示的矩形绕组。长尺叫定尺，短尺叫滑尺，标准感应同步器定尺长度为 250mm，滑尺长度为 100mm，使用时定尺安装在固定部件上（如机床床身）、滑尺安装在运动部件上。

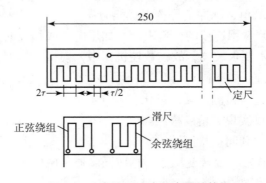

图 6 - 1　直线型感应同步器结构

　　由图 6 - 1 可以看出，定尺绕组是连续的，而滑尺上分布有两个励磁绕组，分别称为正弦绕组（sin 绕组）和余弦绕组（cos 绕组）。当正弦绕组与定尺绕组对齐时，余弦绕组与定尺绕组相差 1/4 节距。感应同步器的定尺和滑尺上矩形绕组的节距相等，均为 2τ，定尺和滑尺之间有（0.25 ± 0.05）mm 的均匀气隙，使用时分别安装在相对运动的部件上。定尺安装在机床导轨上，其长度大于被检测件的长度；滑尺较短，安装在运动部件上，并自然接地。

　　目前生产的直线型感应同步器有标准式、窄式、钢带式和三速式等多种。标准式感应同步器定尺长度为 250mm，但可用接长的方法接到 18m。钢带式感应同步器定尺的单根长度可做到 10m，最长 30m。直线型感应同步器适用于各种重型、大型和中小型机床。

6.2.2　感应同步器的工作原理

由图 6-1 可以看出，当滑尺的两个绕组中任意相通有励磁电流时，由于电磁感应作用，在定尺绕组中必然产生感应电势。定尺绕组中感应的总电势是滑尺上正弦绕组和余弦绕组所产生的感应电势的向量和。

图 6-2 所示为滑尺绕组相对定尺绕组移动时定尺绕组感应电势变化的情况，若向滑尺上的正弦绕组通以交流励磁电压，则在绕组中产生励磁电流，因而绕组周围产生了旋转磁场，A 点表示滑尺绕组与定尺绕组重合，这时定尺绕组中感应电势最大，当滑尺从 A 点向右平移时，感应电势相应逐渐减小，到两绕组刚好错开 1/4 节距位置即图中 B 点时，感应电势为零。再继续移动到 1/2 节距的位置 C 点时，得到的感应电势与 A 点大小相同，但极性相反。再移动到 3/4 节距即图中 D 点时，感应电势又变为零。当移动一个节距到达 E 点时，情况与 A 点相同。可见，滑尺在移动一个节距的过程中，定子绕组中的感应电势按余弦波形变化一个周期。

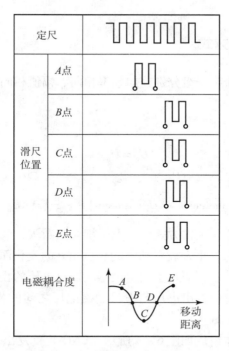

图 6-2　感应同步器工作原理

设定尺绕组节距为 2τ，它对应的感应电压以余弦函数变化了 2π，当滑尺移动距离为 χ 时，对应的感应电压以余弦函数变化相位角 θ。由比例关系

$$\frac{\theta}{2\pi} = \frac{\chi}{2\tau}$$

可得

$$\theta = \frac{2\pi\chi}{2\tau} = \frac{\pi\chi}{\tau}$$

则定尺绕组上的感应电势为

$$E_s = KU_s\cos\theta$$

式中，E_s——定尺绕组感应电势；

U_s——滑尺正弦绕组励磁电压；

K——定尺与滑尺上绕组的电磁耦合系数；

θ——滑尺相对定尺位移的相位角。

同理，当只对余弦绕组励磁时，定尺绕组中感应电势 E_c 按下述公式变化：

$$E_c = -KU_c\sin\theta$$

当同时给滑尺上两绕组励磁（U_s、U_c）时，则更具叠加原理，定尺绕组中产生的感应电势应是各感应电势的代数和（$E = E_s + E_c$），据此就可以求出滑尺的位移。

6.2.3　感应同步器的典型应用

根据励磁绕组中励磁供电方式的不同，感应同步器可分为鉴相工作方式和鉴幅工作方式两种。

6.2.3.1　鉴相工作方式

给滑尺的正弦绕组和余弦绕组分别施加频率相同、幅值相同但时间相位相差 $\frac{\pi}{2}$ 的交流励磁电压，即

$$U_s = U_m\sin\omega t$$
$$U_c = U_m\cos\omega t$$

根据叠加原理，定尺上的总感应电压为

$$E = KU_m\sin\omega t\cos\theta = KU_m\cos\omega t\cos\left(\theta + \frac{\pi}{2}\right) = KU_m\sin(\omega t - \theta)$$

从上式可以看出，在鉴相工作方式中，由于耦合系数 K、励磁电压幅值 U_m 以及频率 ωt 均是常数，所以定尺的感应电压 E 就只随空间相位角 θ 的变化而变化。定尺上感应电压与滑尺的位移值有严格的对应关系，通过鉴别定尺感应输出电压的相位，即可测量定尺和滑尺之间的相对位移。例如定尺感应输出电压与滑尺励磁电压之间的相位差为 $1.8°$。当节距 $2\tau = 2\text{mm}$ 时，滑尺移动了 0.01mm。

鉴相式检测系统的基本组成如图 6-3 所示。CNC 装置发出指令脉冲，经脉冲相位转换器转换为相对于基准相位 θ_0 变化的指令相位 θ_1，即表示位移量的指令式是以相位差角度值给定的。其中，θ_1 的大小取决于指令脉冲数，θ_1 随时间变化的快慢取决于指令脉冲频率，而其相对于 θ_0 的超前或滞后则取决于指令方向（正向和反向）。

从脉冲相位变换器输出的基准脉冲信号经励磁供电线路给感应同步器滑尺的两励磁绕组供电，其过程为基准相位 θ_0 经 $\pi/2$ 移相，变为幅值相等、频率相同、相位相差 $\pi/2$ 的正弦、余弦信号，给正弦绕组、余弦绕组励磁。这样，因为是来源于同一个基准相位 θ_0，所以定

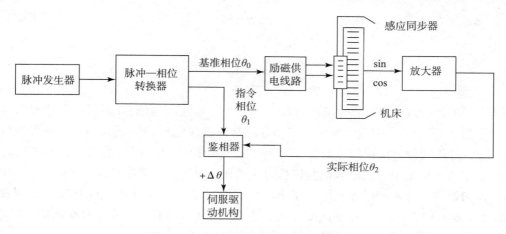

图 6 - 3　感应同步器鉴相测量系统框图

尺绕组上所取得的感应电压 E 的相位 θ_2 则反映出两者的相位位置。因此，将指令相位 θ_1 和实际相位 θ_2 在鉴相器中进行比较，若两者相位一致，即 $\theta_1 = \theta_2$，则表示感应同步器的实际位置与给定指令位置相同；若两者位置不一致，则利用其产生的相位差作为控制信号，控制执行机构带动工作台向减小相位差的方向移动。

　　具体控制过程为：脉冲—相位转换器每接收一个脉冲便产生一个指令位移增量，其大小取决于脉冲—相位转换器的分频系数 N，而分频系数取决于系统分辨率。如果感应同步器一个节距为 2mm，脉冲当量选定为 0.005mm，则一个脉冲对应的相位增量为

$$(0.005/2) \times 2\pi = 0.005\pi$$

　　这样，每发一个脉冲指令，指令相位增加 0.005π，若原来 $\Delta\theta = 0$，此时便产生了一个 0.005π 的相位差，此偏差信号控制伺服机构带动工作台移动，随着过程中 θ_2 逐渐增大，$\Delta\theta$ 逐渐减小，直至 $\Delta\theta = 0$。此时，指令脉冲又使指令相位增加 0.005π，产生一个 $\Delta\theta$。如此循环，使 θ_1 随指令连续变化，而 θ_2 紧跟 θ_1 变化，从而控制伺服电动机带动工作台连续移动，直至 CNC 装置不再发出脉冲时，工作台停止移动。

6.2.3.2　鉴幅工作方式

供给滑尺上正、余弦绕组以频率相同、相位相同但幅值不同的励磁电压。

$$U_s = U_m \sin\alpha \sin\omega t$$
$$U_c = U_m \cos\alpha \sin\omega t$$

式中，α——给定的电气角。
则在定尺绕组产生的总感应电压为

$$E = KU_m \sin\alpha \sin\omega t \cos\theta - KU_m \cos\alpha \sin\omega t \sin\theta$$
$$= KU_m \sin(\alpha - \theta)\sin\omega t$$

式中，θ——与位移相对应的角度。

　　当 $\alpha - \theta$ 的数值很小时，定尺上的感应电压 E 可近似表示为

$$E = KU_m \sin\omega t (\alpha - \theta)$$

而其中

$$\alpha - \theta = \frac{2\pi}{\tau}\Delta_x$$

所以

$$E = KU_m\Delta_x\frac{2\pi}{\tau}\sin\omega t$$

从上式可以看出，定尺感应电压 E 实际上是误差电压。当位移增量 Δ_x 很小时，误差电压的幅值和 Δ_x 成正比。因此说鉴幅式工作方式是以感应电压的幅值大小来反映机械位移的数值，并以此作为位置反馈信号与指令信号进行比较构成闭环伺服系统的。若电气角 α 已知，只要测出 E 的幅值，便能求出与位移对应的角度 θ。实际测量时，不断调整 α，让幅值为零，设初始位置时 $\alpha = \theta$，$E = 0$，该点称为节距零点；当滑尺相对定尺移动后，随着 θ 的不断增加，$\alpha \neq \theta$，$E \neq 0$，若逐渐改变 α 值，直至 $\alpha = \theta$，$E = 0$，此时 α 的变化量就代表了 θ 对应的位移量，即可测得机械位移。

机械位移每改变一个 Δ_x 的位移增量，就有误差电压 E。值得注意的是，当误差电压很小时，误差电压的幅值才和 Δ_x 成正比。当 E 超过某一预先设定的门槛电平时，就产生脉冲信号，并用此来修正励磁信号 U_s、U_c，使误差信号重新降低到门槛电平以下，这样就把位移量转化为数字量，实现了对位移的测量。

图 6-4 所示为感应同步器鉴幅测量系统框图。由于感应同步器定尺绕组输出的误差电压 E 比较微弱，所以要经前置放大器放大到一定幅值后，再送到误差变换器。误差变换器经方向判别后，将表示方向正负的符号送入脉冲混合器，并产生实际脉冲值。此环节中包括门槛电路，一旦定尺上的感应电压 E 超过门槛值，便产生实际脉冲。这些脉冲一方面作为实际位移值送到脉冲混合器；另一方面送到数字正余弦信号发生器，修正励磁电压的幅值，使其按照正余弦规律变化。

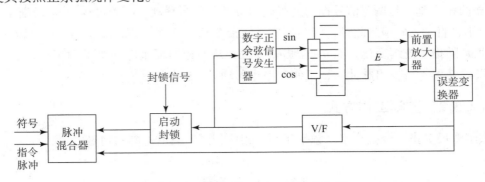

图 6-4　感应同步器鉴幅测量系统框图

门槛电平的整定，是根据脉冲当量来进行的。例如，当脉冲当量为 0.01mm/脉冲时，门槛电平应整定在 0.007mm 的数值上，亦即位移 $7\mu m$ 产生的误差信号经放大正好达到门槛电平。

脉冲混合器的作用是将来自于 CNC 装置的指令脉冲与反馈回来的实际脉冲值进行比较，得到系统的数字量位置误差，再经 D/A 转换器将其转换为模拟电压信号，控制伺服机构带动工作台移动。

D/A 转换器的作用是产生励磁电压。D/A 转换器由多抽头的计数变压器、开关线路和变换计数器组成，计数变压器的抽头必须精确地按照正弦、余弦函数抽出。

6.2.4　感应同步器的安装

将感应同步器的输出与数字位移显示器相连，便可方便地将滑尺相对定尺的机械位移准确地显示出来。根据感应同步器的工作方式不同，数字位移显示器也有相位型和幅值型两种。为了提高定尺输出电信号的强度，定尺上输出电压首先应经前置放大器放大后再进入到数字显示器中。此外，在感应同步器滑尺绕组与励磁电源之间要设置匹配电压器，以保证滑尺绕组有较低的输入阻抗。图 6 – 5 所示为直线感应同步器的安装图，通常将定尺尺座与固定导轨连接，滑尺座与移动部件连接。为了保证检测精度，要求定尺侧母线与机床导轨基准面的平行度允差在全长内为 0.1mm，滑尺侧母线与机床导轨基准面的平行度允差在全长内为 0.02mm，定尺与滑尺接触的四角间隙一般不大于 0.05mm。当量程超过 250mm 时，需将多个定尺连接起来，此时应使接长后的定尺组件在全长上的累积误差控制在允差范围内。接长后的定尺组件和滑尺组件分别安装在机床两个做相对位移的部件上。

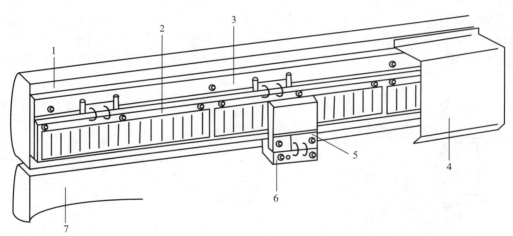

图 6 – 5　直线感应同步器的安装图

1—机床不动部件；2—定尺；3—定尺座；4—防护罩；5—滑尺；6—滑尺座；7—机床可动部件

6.3　光栅位置检测装置

光栅主要可分为物理光栅和计量光栅两大类。物理光栅刻线细密（200 ~ 500 条/mm），节距小，利用光的衍射现象，通常用于光谱的分析和光波波长的测定等。计量光栅刻线较粗（25 条/mm，50 条/mm，100 条 mm，250 条 mm），主要利用光的透射和反射现象，用于检测直线位移和角位移等。

计量光栅应用莫尔条纹原理，所测的位置精度相当高，而且计量光栅的读数速率从每秒零次到数万次，范围很广，非常适于动态测量。

计量光栅又分为长光栅（用于测量直线位移）和圆光栅（用于测量角位移），两者工作原理基本相似，通常长光栅应用较多。

6.3.1 长光栅检测装置的结构

长光栅检测装置（直线光栅传感器）由标尺光栅、指示光栅和光栅读数头等组成。标尺光栅一般固定在机床活动部件上（如工作台上），光栅读数头装在机床固定部件上。当光栅读数头相对于标尺光栅移动时，指示光栅便在标尺光栅上发生相对移动。标尺光栅和指示光栅的平行度以及两者之间的间隙要严格保证（0.05~0.1mm）。图6-6所示为光栅检测装置的安装结构。

标尺光栅和指示光栅统称为光栅尺，它们是在真空镀膜的玻璃片或长条形金属镜面上刻出均匀密集的线纹，光栅的线纹相互平行，线纹之间的距离叫作栅距。对于圆光栅，这些线纹是圆心角相等的向心条纹，两条向心条纹之间的夹角叫作栅距角。栅距和栅距角是光栅的重要参数。对于长光栅，金属反射光栅的线纹密度为每毫米25~50个条纹，玻璃透射光栅为每毫米100~250个条纹。

光栅读数头又叫光电转换器，它把光栅莫尔条纹变为电信号。图6-7所示为垂直入射的读数头，读数头由光源、透镜、指示光栅、光敏元件和驱动线路组成。图6-6中的标尺光栅不属于光栅读数头，但它要穿过光栅读数头，且保证与光栅有准确的相互位置关系。

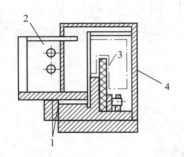

图6-6 光栅检测装置的安装结构

1—防护垫；2—光栅读数头；
3—标尺光栅；4—防护罩

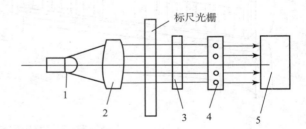

图6-7 光栅读数头

1—光源；2—透镜；3—指示光栅；
4—光敏元件；5—驱动线路

6.3.2 光栅传感器的工作原理

以投射光栅为例，当指示光栅上的线纹和标尺光栅上的线纹之间形成一个小角度 θ ，并且两个光栅尺刻面相对平行放置时，在光源的照射下，栅纹上形成明暗相间的条纹，这就是莫尔条纹，如图6-8所示。严格来说，莫尔条纹排列的方向是：与两片光栅线纹夹角的平分线相垂直。莫尔条纹中两条亮纹或两条暗纹之间的距离称为莫尔条纹宽度，以 B 表示。

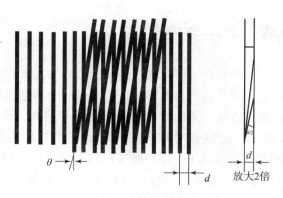

图 6 – 8　莫尔条纹

6. 3. 2. 1　莫尔条纹的变化规律

两片光栅相对移动一个栅距，莫尔条纹移动一个条纹间距。由于光的衍射与干涉作用，莫尔条纹的变化规律近似正（余）弦函数，变化周期与光栅相对移动的栅距数同步。

6. 3. 2. 2　放大作用

测量莫尔条纹的宽度要比测量光栅线纹宽度容易得多。在两光栅栅距均为 W，栅线夹角较小的情况下，莫尔条纹宽度 B 与光栅栅距 W 及栅线夹角之间有下列关系：

$$B = \frac{W}{2\sin\dfrac{\theta}{2}}$$

其中，θ 的单位为 rad，B 的单位为 mm。当 θ 角很小时，$\sin\theta \approx \theta$，则上式可近似为

$$B \approx \frac{W}{\theta}$$

若 $W = 0.01\text{mm}$，$\theta = 0.01\text{rad}$，则可得出 $B = 1\text{mm}$，即将光栅栅距转换成为放大 100 倍的莫尔条纹。

6. 3. 2. 3　误差平均效应

由于每条莫尔条纹都是由许多光栅线纹的交点组成的，当线纹中有一条线纹有误差时（间距不等或倾斜），这条有误差的线纹和另一光栅线纹的交点位置将产生变化。但是，由于一条莫尔条纹是由许多光栅线纹交点组成的。因此，光栅栅距不均匀或断裂导致一个线纹交点位置的变化，对于一条莫尔条纹来讲其影响就非常小了，所以莫尔条纹可以起到均化误差的作用。

6. 3. 2. 4　莫尔条纹的移动与栅距之间的移动成比例

当干涉条纹移动一个栅距时，莫尔条纹也移动一个莫尔条纹宽度，若光栅移动方向相反，则莫尔条纹移动的方向也相反。莫尔条纹的移动方向与光栅移动方向相垂直。这样测量光栅水平方向移动的微小距离即可用检测垂直方向宽大的莫尔条纹的变化来代替。

6.3.3　光栅位移—数字变换电路

在光栅测量系统中，提高分辨率和测量精度不可能仅靠增大栅线的密度来实现。工程上常采用莫尔条纹的细分技术。细分技术有光学细分、机械细分和电子细分等方法。在伺服系统中，应用最多的是电子细分方法。下面介绍一种常用的 4 倍频光栅位移—数字变化电路。该电路的组成如图 6 – 9 所示。光栅移动时产生的莫尔条纹由光电元件接收，然后经过位移—数字变换电路形成正、反走时的正、反向脉冲，由可逆计数器接收。图 6 – 9 中有 4 块光电池发出的信号分别为 a、b、c 和 d，相位彼此相差 90°。a、c 信号相位差为 180°，送入差动放大器放大，得到 sin 信号，将信号幅度放大到足够大。同理，b、d 信号送入另一个差动放大器，得到 cos 信号。sin、cos 信号经整形变成方波 A 和 B，A 和 B 信号经反向得 C 和 D 信号。A、C、B、D 信号再经微分变成窄脉冲 A′、C′、B′、D′，即在正走或反走时每个方波的上升沿产生窄脉冲，由与门电路把 0°、90°、180°、270° 4 个位置上产生的窄脉冲组合起来，根据不同的移动方向形成正向脉冲或反向脉冲，用可逆计数器测量光栅的实际位移，如图 6 – 10 所示。在光栅位移—数字变换电路中，除上面介绍的 4 倍频回路以外，还有 10 倍频回路等。

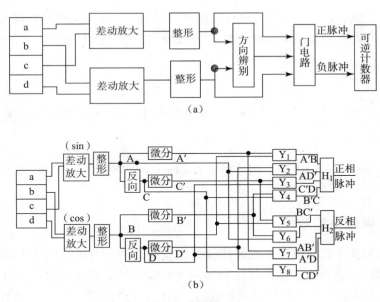

(a)

(b)

图 6 – 9　光栅信号 4 倍频电路

（a）原理框图；（b）逻辑电路图

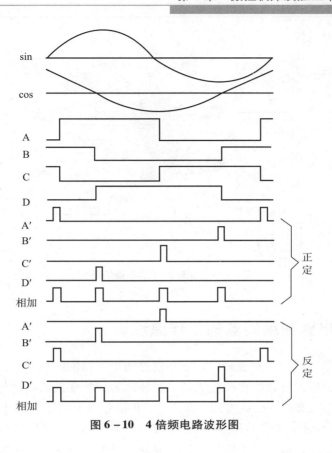

图 6 - 10　4 倍频电路波形图

6.4　光电脉冲编码器

6.4.1　脉冲编码器的分类与结构

　　脉冲编码器是一种旋转式脉冲发生器，能把机械转角转变为电脉冲，是数控机床上使用广泛的位置检测装置，经过变换电路也可以用于速度检测，同时作为速度检测装置。脉冲编码器分为光电式、接触式和电磁感应式 3 种。从精度和可靠性方面来看，光电式脉冲编码器优于其他两种。数控机床上主要是使用光电式脉冲编码器。脉冲编码器是一种增量检测装置，它的型号是由每转发出的脉冲数来区分的。数控机床上常用的脉冲编码器有 2 000 脉冲/r、2 500 脉冲/r 和 3 000 脉冲/r 等；在高速、高精度数字伺服系统中，应用高分辨率的脉冲编码器，如 20 000 脉冲/r、25 000 脉冲/r 和 3 000 脉冲/r 等，现已有每转发出 10 万个脉冲，乃至几百万个脉冲的脉冲编码器，该编码器装置内部应用了微处理器。

　　光电式脉冲编码器由光源、透镜、光电盘、光栅板（圆盘）、光电元件和信号处理电路等组成（见图 6 - 11）。光电盘用玻璃材料研磨抛光制成，玻璃表面在真空中镀上一层不透光的铬，再用照相腐蚀法在上面制成向心透光窄缝。透光窄缝在圆周上等分，其数量从几百条到几千条不等。圆盘（光栅板）也用玻璃材料研磨抛光制成，其透光窄缝为两条，每一条后面安装一只光电元件。

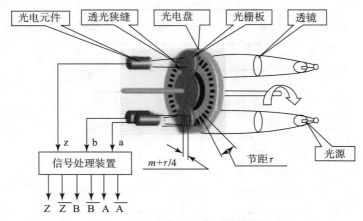

图 6 – 11 光电脉冲编码器的结构

6.4.2 光电脉冲编码器的工作原理

如图 6 – 12 所示，当圆光栅旋转时，光线透过两个光栅的线纹部分，形成明暗相间的 3 路莫尔条纹，同时光敏元件接收这些光信号，并转化为交替变换的电信号 A、B（近似于正弦波）和 Z，再经放大和整形变成方波。其中 A、B 信号称为主计数脉冲，它们在相位上相差 90°，如图 6 – 13 所示；Z 信号称为零位脉冲，"一转一个"，该信号与 A、B 信号严格同步。零位脉冲宽度是主计数脉冲宽度的一半，细分后同比例变宽。这些信号作为位移测量脉冲，如经过频率/电压变换，也可作为速度测量反馈信号。

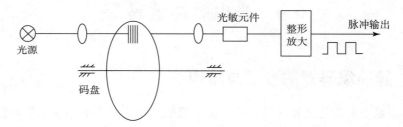

图 6 – 12 光电脉冲编码器的工作原理

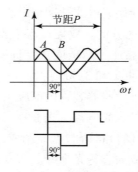

图 6 – 13 光电脉冲编码器的输出波形

6.4.3 光电编码器的运用

光电脉冲编码器应用在数控机床数字比较伺服系统中，作为位置检测装置。光电脉冲编码器将位置检测信号反馈给 CNC 装置有几种方式：一是使用减计数要求的可逆计数器，形成加计数脉冲和减计数脉冲；二是使用有计数控制端和方向控制端的计数器，形成正走、反走计数脉冲和方向控制电平。

图 6–14 所示为第一种方式的电路图和波形图。光电脉冲编码器的输入脉冲信号，经过差分驱动传输进入 CNC 装置，仍为 A 相信号和 B 相信号，如图 6–14（a）所示。将 A、$\overline{A}$、B、$\overline{B}$ 信号整形后，变成规则的方波（电路中 a、b 点）。当光电脉冲编码器正转时，A 相信号超前 B 相信号，经过单稳电路变成 d 点的窄脉冲，与 b 相反向后 c 点的信号进入"与门"，由 e 点输出正向计数脉冲；而 f 点由于在窄脉冲出现时 b 点的信号为低电平，所以 f 点也保持低电平。这时可逆计数器进行加点计数。当光电脉冲编码器反转，B 相信号超前 A 相信号，在 d 点窄脉冲出现时，因为 c 点是低电平，所以 e 点保持低电平；而 f 点输出窄脉冲，作为方向减计数脉冲。这时可逆计数器进行减计数。这样实现了不同旋转方向时，数字脉冲由不同通道输出，分别进入可逆计数器做进一步的误差处理。

图 6–15 所示为第二种方式的电路图和波形图。光电脉冲编码器的输出脉冲信号 A、$\overline{A}$、B、$\overline{B}$ 经过差分驱动传输进入 CNC 装置，为 A 相信号和 B 相信号，该两路信号为电路的输入脉冲，经整形和单稳后变为 A_1、B_1 窄脉冲。正走时，A 脉冲超前 B 脉冲，B 方波和 A_1 窄脉冲进入 C"与非门"，A 方波和 B_1 脉冲进入 D"与非门"，则 C 门和 D 门分别输出高电平和负脉冲。这两个信号使 1、2"与非门"组成的"R – S"触发器置"0"（此时，Q 端输出"0"，代表正方向），使 3"与非门"输出正走计数脉冲。反走时，B 脉冲超前 A 脉冲。B、A_1 和 A、B_1 信号同样进入 C、D 门，但由于信号相位不同，使 C、D 门分别输出负脉冲和高电平，从而将"R – S"触发器置"1"（Q 端输出"1"，代表负方向）、3 门输出反走计数脉冲。不论正走、反走，"与非门"3 都是计数脉冲输出门，"R – S"触发器的 Q 端输出方向控制信号。

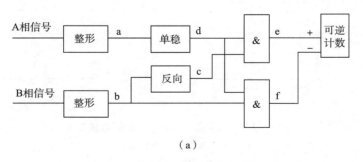

（a）

图 6–14 脉冲编码器组成计数器方式一

（a）电路图

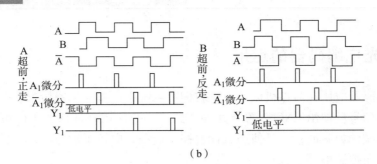

（b）

图 6-14　脉冲编码器组成计数器方式一（续）

（b）波形图

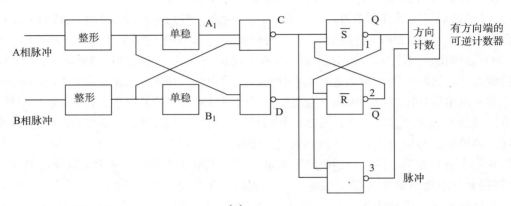

（a）

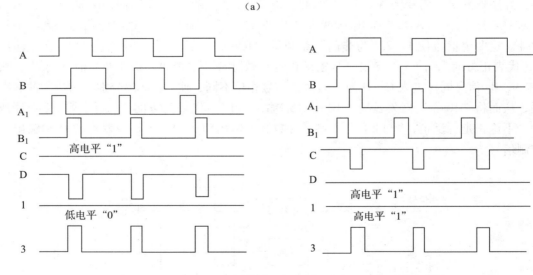

（b）

图 6-15　脉冲编码器组成计数器方式二

（a）电路图；（b）波形图

　　现代全数字数控伺服系统中，由专门的微处理器通过软件对光电编码器的信号进行采集、传送和处理，完成位置控制任务。

　　上面介绍的光电脉冲编码器主要用在进给系统中。如果在主运动（主轴控制）中也采用这种光电脉冲编码器，则该系统成为具有位置控制功能的主轴控制系统，或者叫作 C 轴控制。在一般主轴控制系统中，采用主轴位置脉冲编码器，其原理与光电脉冲编码器一样，只是光栅线纹数为 1 024/周，经 4 倍频细分电路后，为每转 4 096 个脉冲。

主轴位置脉冲编码器的作用是控制自动换刀时的主轴准停以及车削螺纹时的进刀点和退刀点的定位。加工中心自动换刀时，需要定向控制主轴停在某一固定位置，以便在该处进行换刀等动作，只要数控系统发出换刀指令，即可利用主轴位置脉冲编码器输出信号使主轴停在规定的位置上。数控车床车削螺纹时需要多次走刀，车刀和主轴都要求停在固定的准确位置上，其主轴的起点和终点角度位置依据主轴位置脉冲编码器的"零脉冲"作为基准来准确保证。

在进给坐标轴中，还应用一种手摇脉冲发生器，一般每转产生 1 000 个脉冲，脉冲当量为 1 μm，它的作用是慢速对刀和手动调整机床。

6.5　旋转变压器

旋转变压器是一种控制用的微电动机，它将机械转角变换成与该转角呈某一函数关系的电信号。在结构上，旋转变压器与二相绕线式异步电动机相似，由定子和转子组成。定子绕组为变压器的原边，转子绕组为变压器的副边。励磁电压接到定子绕组上，其频率通常为 400Hz、500Hz、1 000Hz 和 5 000Hz。旋转变压器结构简单，动作灵敏，对环境要求低，输出信号幅度大，抗干扰能力强，工作可靠，因此在数控机床上广泛使用。

6.5.1　旋转变压器的工作原理

旋转变压器在结构上保证定子和转子之间空气隙内磁通分布符合正弦规律，因此当励磁电压加到定子绕组上时，通过电磁耦合，转子绕组产生感应电动势，如图 6 – 16 所示。其输出电压的大小取决于转子的角度位置，即随着转子偏转的角度呈正弦变化。当转子绕组的磁轴与定子绕组的磁轴位置转动角度 θ 时，绕组中产生的感应电压为

$$E_1 = nU_1\sin\theta = nU_m\sin\omega t\sin\theta$$

式中，n——变压比；

　　U_1——定子的输出电压；

　　U_m——定子的最大瞬时电压。

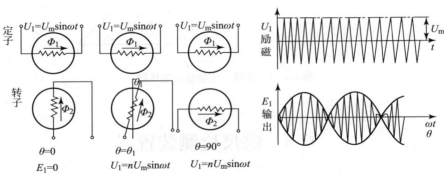

图 6 – 16　单极式旋转变压器工作原理

当转子转到两磁轴平行，即 $\theta = 90°$ 时，转子绕组中感应电动势最大，即

$$E_1 = nU_{\mathrm{m}}\sin\omega t$$

6.5.2 旋转变压器的应用

在实际应用中，通常采用的是正弦、余弦旋转变压器，其定子和转子绕组中各有相互垂直的两个绕组，如图 6-17 所示。当励磁绕组用两个相位差 90° 的电压供电时，应用叠加原理，在副边的一个转子绕组中磁通为（另一个绕组短接）

$$\Phi_3 = \Phi_1\sin\theta_1 + \Phi_2\sin\theta_2$$

而输出电压为

$$U_3 = nU_{\mathrm{m}}\sin\omega t\sin\theta_1 + nU_{\mathrm{m}}\cos\omega t\cos\theta_1$$
$$= nU_{\mathrm{m}}\cos\left(\omega t - \theta_1\right)$$

由此可知，当把激活信号 $U_1 = U_{\mathrm{m}}\sin\omega t$ 和 $U_2 = U_{\mathrm{m}}\cos\omega t$ 施加于定子绕组时，旋转变压器转子绕组便可输出感应信号 U_3。若转子转过角度 θ_1，则感应信号 U_3 和励磁信号 U_2 之间一定存在着相位差，这个相位差可通过鉴相器线路检测出来，并表示成相应的电压信号。这样，通过对该电压信号的测量，便可得到转子转过的角度 θ_1。但由于 $U_3 = nU_{\mathrm{m}}\cos\left(\omega t - \theta_1\right)$ 是关于变量 θ_1 的周期函数，故转子每转一周，U_3 值将周期性地变化一次。因此，在实际应用时，不但要测出 U_3 的大小，而且还要测出 U_3 的周期性变化次数。或者将被测角位移 θ_1 限制在 180° 之内，即每次测量过程中，转子转过的角度小于半周。

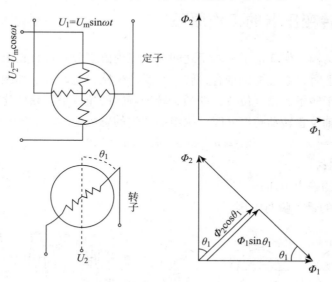

图 6-17 正弦、余弦旋转变压器

6.6 磁尺检测装置

磁尺又称磁栅，是用电磁方法计算磁波数目的一种检测装置，其记录磁信号和拾取磁信

号的原理与普通磁带相似。录磁时，将一定周期变化的磁和信号（方波、正弦波或脉冲等）用录磁磁头记录在磁性标尺上，作为测量的基准。在检测过程中，用拾磁磁头将磁性标尺上的磁信号转化为电信号，经过检测电路处理，把磁头相对于磁尺的位置送入数控装置和数显装置中。

磁尺位置检测有直线式和回转式两种，可用于直线和转角的测量。磁尺位置检测与光栅、感应同步器相比，测量精度略低，但其具有独特的优点：

（1）制作简单，安装、调整方便，成本低。磁尺上的磁化信号录制完后，若发现不符合要求，可抹去重录。也可安装在机床上后再进行录磁，以避免安装误差。

（2）磁尺的长度可以任意选择，也可以录制任意节距的磁信号。

（3）在油污、粉尘较多的场合使用有较好的稳定性。

因此，其在数控机床、精密机床和各种测量机上得到广泛应用。

6.6.1　磁尺的组成

磁尺由磁性标尺、磁头和检测电路组成，其结构如图 6 – 18 所示。它是利用录磁原理工作的。先用录磁磁头将按一定周期变化的方波、正弦波或电脉冲信号录制在磁性标尺上，作为测量基准。检测时，用拾磁磁头将磁性标尺上的磁性信号转化成电信号，再送到检测电路中去，把磁头相对于磁性标尺的位移量用数字显示出来，并传输给数控系统。

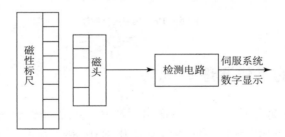

图 6 – 18　磁尺结构

6.6.2　磁性标尺和磁头

磁性标尺是在非导磁材料如铜、不锈钢、玻璃或其他合金材料的基体上，用涂敷、化学沉积或电镀等方法，在其表面覆一层 $10 \sim 20 \mu m$ 厚的磁性材料（如 Ni – Co – P 或 Fe – Co 合金），称为磁性膜，再用录磁磁头在此尺上记录等节距（节距常为 0.05mm、0.1mm、0.2mm、1mm）的周期变化的磁信号，以作为测量基准。为防止磁头和磁尺频繁接触，造成对磁性膜的磨损，可在磁性膜上均匀涂敷一层 $1 \sim 2 \mu m$ 的耐磨塑料保护层。

磁头是进行磁电转换的器件，它把反映位置的磁信号检测出来，并转换成电信号输送给检测电路。根据数控机床的要求，为了在低速运动和静止时也能进行位置检测，磁尺上采用的磁头与普通录音机上的磁头不同。普通录音机上采用的是速度响应性磁头，而磁尺上采用的是磁通响应性磁头。该种磁头的结构如图 6 – 19 所示。磁头有两组绕组，分别为绕在磁路截面尺寸较小的横臂上的励磁绕组和绕在磁路截面尺寸较大的竖杆上的拾磁绕组（输出绕组）。当对励磁绕组施加励磁电流 $i_a = i_0 \sin \omega t$ 时，若 i_a 瞬时值大于某一数值，横杆上的铁芯材料饱和，这时磁阻很大，磁路被阻断，磁性标尺的磁通 Φ_0 不能通过磁头闭合，输出线圈不与 Φ_0 交链；如果 i_a 的瞬时值小于某一数值，i_a 所产生的磁通也随之降低，两横杆中的磁阻也降低到很小，磁通开路，Φ_0 与输出线圈交链。由此可知，励磁线圈的作用相当于磁开关。

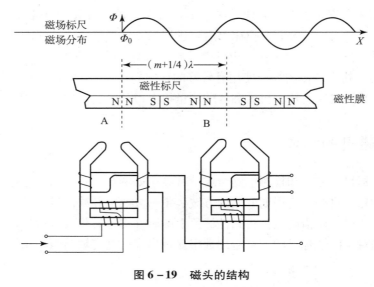

图 6 – 19 磁头的结构

6.6.3 磁尺的工作原理

励磁电流在一个周期内两次为零，两次出现峰值，相应的磁开关通断两次。磁路在由通到断的时间内，输出线圈中交链磁通量由 Φ_0 变化到 0；磁路在由断到通的时间内，输出线圈中交链磁通量由 0 变化到 Φ_0。Φ_0 由磁性标尺中的磁信号决定，因此，输出线圈中输出的是一个调幅信号，即

$$U_{sc} = U_m \cos\left(\frac{2\pi x}{\lambda}\right)\sin\omega t$$

式中，U_{sc}——输出线圈中的输出电压；

$\qquad U_m$——输出电压峰值；

$\qquad \lambda$——磁性标尺节距；

$\qquad x$——磁头与磁栅间的相对位移；

$\qquad \omega$——励磁电压角频率。

由上式可见，磁头输出信号的幅值是位移 x 的函数，只要测出 U_{sc} 过 0 的次数，就可以知道 x 的大小。

使用单个磁头输出信号较弱，而且对磁性标尺上磁化信号的节距和波形要求也较高。所以实际上总是将几十个磁头以一定方式串联，构成多间隙磁头使用。

为了辨别磁头的移动方向，通常采用间距为 $(m+1/4)\lambda$ 的两组磁头（$m=1, 2, 3, \cdots$），

并使两组磁头的励磁电流相位相差 45°，这样两组磁头输出电势信号的相位相差 90°。如果第一组磁头的输出信号是

$$U_{sc1} = U_m \cos\left(\frac{2\pi x}{\lambda}\right)\sin\omega t$$

则第二组磁头的输出信号必然是

$$U_{sc2} = U_m \cos\left(\frac{2\pi x}{\lambda}\right)\sin\omega t$$

U_{sc1} 和 U_{sc2} 是相位相差 90°的两列脉冲，至于哪个超前，则取决于磁尺的移动方向。根据两个磁头输出信号的超前和滞后，可确定其移动方向。

为了提高输出信号的幅值，同时降低对录制的磁化信号正弦波形和节距误差的要求，在实际使用时，常将几个到几十个磁头以一定的方式联系起来，组成多间隙磁头，如图 6 - 20 所示。多间隙磁头中的每一个磁头都以相同的间距 $\lambda/2$ 配置，相邻两磁头的输出绕组反向串接。因此，输出信号为各磁头输出信号的叠加。多间隙磁头具有高精度、高分辨率和输出电压大等特点，输出电压与磁头数 n 成正比，例如当 $n = 30$，$\omega/2 = 50\text{kHz}$ 时，输出的峰值达到数百毫伏；而当 $\omega/2 = 25\text{kHz}$ 时，峰值高达 1V 左右。

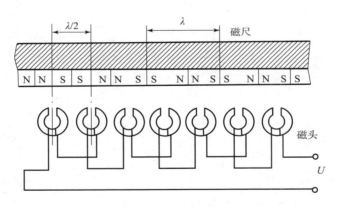

图 6 - 20　多间隙磁头

6.6.4　检测电路

磁尺检测是模拟检查，必须和检测电路配合才能进行。检测线路包括励磁电路，读取信号的滤波、放大、整形、倍频、细分、数字化和计数等线路。根据检测方法不同，检测电路分为鉴幅型和鉴相型两种。

6.6.4.1　鉴幅型系统的工作原理

如前所述，磁头有两组信号输出，将高频载波滤掉后则得到相位差为 $\pi/2$ 的两组信号，即

$$U_{sc1} = U_m \cos\left(\frac{2\pi x}{\lambda}\right)$$

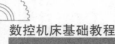

$$U_{sc2} = U_m \cos\left(\frac{2\pi x}{\lambda}\right)$$

磁尺鉴幅型检测线路框图如图 6 - 21 所示。磁头 H_1、H_2 相对于磁尺每移动一个节距，发出一个正（余）强信号，经信号处理后进行位置检测。这种方法的线路比较简单，但分辨率受到录磁节距 λ 的限制，若要提高分辨率就必须采用较复杂的倍频电路，所以不常采用。

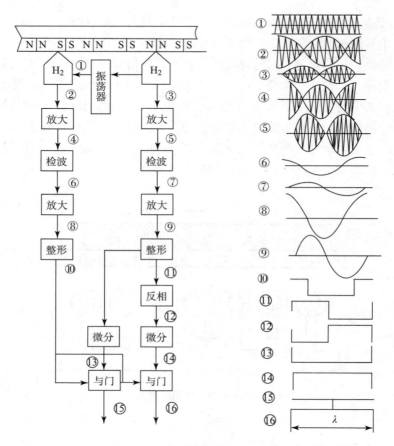

图 6 - 21　磁尺鉴幅型检测线路框图

6.6.4.2　鉴相型系统的工作原理

采用相位检测的精度可以大大高于录磁节距 λ，并可以通过提高内插补脉冲频率来提高系统的分辨率，可达 $1\mu m$。磁尺鉴相型磁测线路框图如图 6 - 22 所示。可将图中一组磁头的励磁信号移相 $90°$，则得到输出电压为

$$U_{sc1} = U_m \cos\left(\frac{2\pi x}{\lambda}\right)\sin\omega t$$

$$U_{sc2} = U_m \cos\left(\frac{2\pi x}{\lambda}\right)\sin\omega t$$

在求和电路中相加，则得到磁头总输出电压为

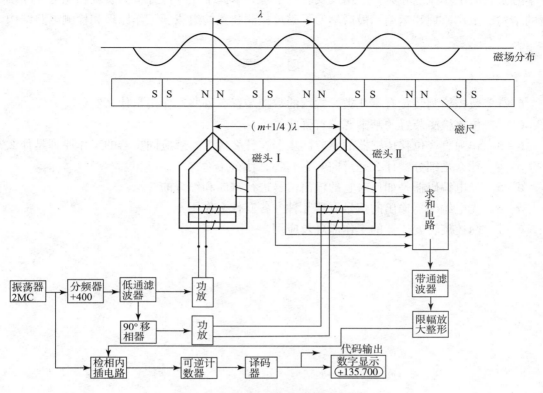

图 6 - 22 磁尺鉴相型磁检测电路图框

$$U = U_{\mathrm{m}}\sin\left(\frac{2\pi x}{\lambda} + \omega t\right)$$

由上式可知，合成输出电压 U 的幅值恒定，而相位随磁头和磁尺的相对位移 x 变化而变化。其输出信号与旋转变压器、感应同步器读取绕组中的信号相似，所以其检测电路也相同。如图 6 - 22 所示，振荡器送出的信号经分频器、低通滤波器得到波形较好的正弦波信号，一路经 90°移相后功率放大送至磁头 II 的励磁绕组，另一路经功率放大送至磁头 I 的励磁绕组。将两磁头的输出信号送入求和电路中相加，并经滤波器、限幅、放大和整形得到与位置量有关的信号，送入检相内插电路中进行内插细分，得到分辨率为预先设定单位的计数信号。计数信号送入可逆计数器，即可进行数字控制和数字显示。

磁尺制造工艺比较简单，录磁、去磁都较方便。若采用激光录磁，则可得到更高的精度。直接在机床上录制磁尺，不需要安装和调整，避免了安装误差，从而可得到更高的精度。磁尺还可以制得比较长，用于大型数控机床。目前数控机床快速移动的速度已达到 24m/min 以上，而磁尺作为测量元件难以跟上这样高的反应速度，使其应用受到限制。

本章小结

本章首先介绍了位移检测系统，其首先是数控机床及加工中心的关键部件之一，它的性能指标、要求和分类都有详细介绍。接下来介绍了典型的模拟式测量装置——感应同步器，并学习了它的工作原理和典型应用及安装；了解并掌握了光栅位置检测装置和光电脉冲编码器的结构、工作原理和运用；最后学习了磁尺检测装置的组成、工作原理和检测电路结构。

习　题

6－1　数控检测装置有哪几类？常用的数控装置有哪些？作用是什么？

6－2　位置检测装置的基本要求有哪些？

6－3　作为直线位移传感器的感应同步器有什么优点？感应同步器的工作原理是什么？

6－4　什么是细分？什么是辨向？它们各有什么用途？

6－5　光电编码器是如何对它的输出信号进行辨向和细分的？

6－6　光电编码器输出的信号有哪几种？各有什么作用？

6－7　简述旋转变压器的工作原理及应用。

第 7 章　数控编程基础知识

数控编程是数控加工准备阶段的主要内容之一，通常包括分析零件图样，确定加工工艺过程；计算走刀轨迹，得出刀位数据；编写数控加工程序；制作控制介质；校对程序及首件试切。其主要有手工编程和自动编程两种方法。总之，它是从零件图纸到获得数控加工程序的全过程。

7.1　手工编程

定义：手工编程是指编程的各个阶段均由人工完成。利用一般的计算工具，通过各种三角函数计算方式，人工进行刀具轨迹的运算，并进行指令编制。

这种方式比较简单，很容易掌握，适应性较大，适用于非模具加工的零件。

7.1.1　手工编程的步骤

1. 分析零件图确定工艺过程

对零件图样要求的形状、尺寸、精度、材料及毛坯进行分析，明确加工内容与要求；确定加工方案、走刀路线、切削参数以及选择刀具和夹具等。

2. 数值计算

根据零件的几何尺寸、加工路线，计算出零件轮廓上几何要素的起点、终点及圆弧的圆心坐标等。

3. 编写加工程序

在完成上述两个步骤后，按照数控系统规定使用的功能指令代码和程序段格式，编写加工程序单。

4. 将程序输入数控系统

程序的输入可以通过键盘直接输入数控系统，也可以通过计算机通信接口输入数控系统。

5. 检验程序与首件试切

利用数控系统提供的图形显示功能，检查刀具轨迹的正确性。对工件进行首件试切，分析误差产生的原因，及时修正，直到试切出合格零件。

虽然每个数控系统的编程语言和指令各不相同，但其间也有很多相通之处。

7.1.2　手工编程的应用

手工编程主要用于点位加工（如钻、铰孔）或几何形状简单（如平面、方形槽）零件的加工，以及计算量小、程序段数有限、编程直观、易于实现的情况等。

对于具有空间自由曲面、复杂型腔的零件，刀具轨迹数据计算相当烦琐，工作量大，极易出错，且很难校对，有些甚至根本无法完成。

7.2　自动编程

对于几何形状复杂的零件，需借助计算机使用规定的数控语言编写零件源程序，经过处理后生成加工程序，即自动编程。

随着数控技术的发展，先进的数控系统不仅向用户编程提供了一般的准备功能和辅助功能，而且为编程提供了扩展数控功能的手段。数控系统的参数编程应用灵活，形式自由，具备计算机高级语言的表达式、逻辑运算及类似的程序流程，使加工程序简练易懂，可实现普通编程难以实现的功能。

数控编程同计算机编程一样也有自己的"语言"，但有一点不同的是，现在计算机发展到了以微软 Windows 的绝对优势占领全球市场。数控机床就不同了，它还没发展到那种相互通用的程度，也就是说，它们在硬件上的差距造就了它们的数控系统一时还不能达到相互兼容。所以，当需要对一个毛坯进行加工时，首先要知道已经拥有的数控机床采用的是什么型号的系统。其常用自动编程软件见表 7 – 1。

表 7 – 1　常用自动编程软件

软件	说明
UG	Unigraphics 是美国 Unigraphics Solution 公司开发的一套集 CAD、CAM、CAE 功能于一体的三维参数化软件，是当今最先进的计算机辅助设计及分析和制造的高端软件，用于航空、航天、汽车、轮船、通用机械和电子等工业领域。 UG 软件在 CAM 领域处于领先的地位，产生于美国麦道飞机公司，是飞机零件数控加工的首选编程工具
Catia	Catia 是法国达索（Dassault）公司推出的产品，法制"幻影"系列战斗机及波音 737 和 777 的开发设计均采用 Catia。 Catia 具有强大的曲面造型功能，在所有的 CAD 三维软件位居前列，广泛应用于国内的航空航天企业、研究所，已逐步取代 UG 成为复杂型面设计的首选。 Catia 具有较强的编程能力，可满足复杂零件的数控加工要求。一些领域采取 Catia 设计建模、UG 编程加工，二者结合，搭配使用
Pro/E	Pro/E 是美国 PTC（参数技术有限公司）开发的软件，是全世界最普及的三维 CAD/CAM（计算机辅助设计与制造）系统，广泛用于电子、机械、模具、工业设计和玩具等民用行业，具有零件设计、产品装配、模具开发、数控加工、造型设计等多种功能。 Pro/E 在中国南方地区企业中被大量使用，设计建模采用 Pro/E，编程加工采用 Mastercam 和 Cimatron 是通用的做法

续表

软件	说明
Cimatron	CimatronCAD/CAM 系统是以色列 Cimatron 公司的 CAD/CAM/PDM 产品，是较早在微机平台上实现三维 CAD/CAM 全功能的系统。该系统提供了比较灵活的用户界面，优良的三维造型、工程绘图、全面的数控加工，各种通用、专用数据接口以及集成化的产品数据管理。Cimatron 公司的 CAD/CAM 系统在国际上的模具制造业备受欢迎，国内模具制造行业也在广泛使用
FeatureCAM	美国 DELCAM 公司开发的基于特征的全功能 CAM 软件，具有全新的特征概念，超强的特征识别，基于工艺知识库的材料库、刀具库、图标导航，基于工艺卡片的编程模式。全模块的软件，从 2~5 轴铣削，到车铣复合加工，从曲面加工到线切割加工，为车间编程提供全面解决方案。DELCAM 软件后编辑功能相对来说是比较好的。 国内一些制造企业正在逐步引进，以满足行业发展的需求，属于新兴产品
CAXA 制造工程师	CAXA 制造工程师是北京北航海尔软件有限公司推出的一款全国产化的 CAM 产品，为国产 CAM 软件在国内 CAM 市场中占据了一席之地。作为中国制造业信息化领域自主知识产权软件优秀代表和知名品牌，CAXA 已经成为中国 CAD/CAM/PLM 业界的领导者和主要供应商。CAXA 制造工程师是一款面向 2~5 轴数控铣床与加工中心、具有良好工艺性能的铣削/钻削数控加工编程软件。该软件性能优越，价格适中，在国内市场颇受欢迎
EdgeCAM	英国 Pathtrace 公司出品的具有智能化的专业数控编程软件，可应用于车、铣、线切割等数控机床的编程。针对当前复杂三维曲面加工特点，EdgeCAM 设计出更加便捷可靠的加工方法，流行于欧美制造业。英国 Pathtrace 公司正在进行中国市场的开发和运作，为国内制造业的客户提供更多的选择
VERICUTVERICUT	美国 CGTECH 公司出品的一种先进的专用数控加工仿真软件。VERICUT 采用了先进的三维显示及虚拟现实技术，对数控加工过程的模拟达到了极其逼真的程度，不仅能用彩色的三维图像显示出刀具切削毛坯形成零件的全过程，还能显示出刀柄、夹具，甚至机床的运行过程和虚拟的工厂环境也能被模拟出来，其效果就如同是在屏幕上观看数控机床加工零件时的录像。 编程人员将各种编程软件上生成的数控加工程序导入 VERICUTVERICUT 中，由该软件进行校验，可检测原软件编程中产生的计算错误，降低加工中由于程序错误导致的加工事故率。目前国内许多实力较强的企业，已开始引进该软件来充实现有的数控编程系统，取得了良好的效果。
PowerMill	PowerMill 是英国 Delcam Plc 公司出品的功能强大、加工策略丰富的数控加工编程软件系统。其采用全新的中文 Windows 用户界面，提供完善的加工策略。帮助用户产生最佳的加工方案，从而提高加工效率，减少手工修整，快速产生粗、精加工路径，并且任何方案的修改和重新计算几乎在瞬间完成，缩短了 85% 的刀具路径计算时间，对 2~5 轴的数控加工包括刀柄、刀夹进行完整的干涉检查与排除，具有集成的加工实体仿真，方便用户在加工前了解整个加工过程及加工结果，节省加工时间

7.3 功能代码

7.3.1 字符与代码

字符是用来组织、控制或表示数据的一些符号，如数字、字母、标点符号、数学运算符等。国际上广泛采用两种标准代码：

（1）ISO 国际标准化组织标准代码。

（2）EIA 美国电子工业协会标准代码。

7.3.2 字

在数控加工程序中，字是指一系列按规定排列的字符，作为一个信息单元存储、传递和操作。字是由一个英文字母与随后的若干位十进制数字组成的，这个英文字母称为地址符。

如："X2500"是一个字，X 为地址符，数字"2500"为地址中的内容。数控系统中，数字的表示一般为：地址中的值如果带小数点，表示是毫米单位；如果不带小数点，表示是微米单位。如 X2500. 表示 X 坐标 2 500mm；X2500 表示 X 坐标 2 500μm。但也有不带小数点的，表示是毫米单位，如 X2500 表示 X 坐标 2 500mm。具体情况要根据机床厂家的使用说明书而定，这与数控系统及机床厂家的参数设置有关。

7.3.3 字的功能

组成程序段的每一个字都有其特定的功能含义，各种数控系统组成的程序段及其含义不完全一致，以下是以较常用的 802Dsl 数控系统的规范为主来介绍的。实际应用中应以相应的数控系统厂家说明书为准。

7.3.3.1 顺序号字 N

顺序号又称程序段号或程序段序号。顺序号位于程序段之首，由顺序号字 N 和后续数字组成，其作用为校对、条件跳转、固定循环等。以 5 或者 10 为间隔选择程序段号，这样在以后插入程序号时仍能保持程序段号升序排列。程序号只是起标记作用，没有实际的意义。

1. 程序段跳过

对于不需要在每次运行中都执行的程序段，可在其程序段编号字前以斜线符号"/"标记。

程序段跳过可通过操作（程序控制："SKP"）或者匹配控制激活。如果连续多个程序段前都以"/"标记，则它们都将被跳过。

如果执行程序时程序段跳过被激活，则所有以"/"标记的程序段都不予执行，这些程序段中的指令也不会被考虑，程序从下一个未以斜线标记的程序段起继续执行。

2. 注释，说明

利用加注释（说明）的方法可在程序中对程序段进行说明。注释以符号";"开始，以程序段末尾结束。

注释和其他程序段的内容一起显示在当前程序段中。

3. 信息

信息编程在一个独立的程序段中。信息显示在专门的区域，并且一直有效，直至被一个新的信息所替代，或者程序结束。一条信息最多可以显示 65 个字符。

一个空的信息会清除以前的信息。

7.3.3.2　准备功能字 G

准备功能字的地址符是 G，又称为 G 功能或 G 指令，是用于建立机床或控制系统工作方式的一种指令，如 G00 ～ G99。

7.3.3.3　尺寸字

尺寸字用于确定机床上刀具运动终点的坐标位置。其中，第一组 X，Y，Z，U，V，W，P，Q，R 用于确定终点的直线坐标尺寸；第二组 A，B，C，D，E 用于确定终点的角度坐标尺寸；第三组 I，J，K 用于确定圆弧轮廓的圆心坐标尺寸。在一些数控系统中，还可以用 P 指令暂停时间、用 R 指令圆弧的半径等。

7.3.3.4　进给功能字 F

进给功能字的地址符是 F，又称为 F 功能或 F 指令，用于指定切削的进给速度。对于车床，F 可分为每分钟进给和主轴每转进给两种，对于其他数控机床，一般只用每分钟进给。F 指令在螺纹切削程序段中常用来指令螺纹的导程。

7.3.3.5　主轴转速功能字 S

主轴转速功能字的地址符是 S，又称为 S 功能或 S 指令，用于指定主轴转速，单位为 r/min。

7.3.3.6　刀具补偿号 D

用于某个刀具 T_的补偿参数；D0 补偿值 = 0；一个刀具最多有 9 个 D 号。

7.3.3.7　辅助功能字 M

辅助功能字的地址符是 M，后续数字一般为 1 ～ 3 位正整数，又称为 M 功能或 M 指令，用于指定数控机床辅助装置的开关动作，如 M00 ～ M99。

7.3.4　符号组

在编程中可以使用以下字符，它们按一定的规则进行编译。

1. 字母、数字

A，B，C，D，E，F，G，H，I，J，K，L，M，N，O，P，Q，R，S，T，U，V，W，

X，Y，Z；

0，1，2，3，4，5，6，7，8，9。

小写字母和大写字母没有区分。

2. 可打印的特殊字符

"（"圆括号开。

"）"圆括号关。

"［"方括号开。

"］"方括号关。

"＜"小于。

"＞"大于。

"："主程序，标签结束。

"＝"分配，相等部分。

"／"除法，程序段跳跃。

"＊"乘法。

"＋"加号，正号。

"－"减法，负号。

""""引号。

"＿"下划线（与字母一起）。

"．"小数点。

"，"逗号，分隔符号。

"；"注释引导。

"％"保留，未占用。

"＆"保留，未占用。

"′"保留，未占用。

"＄"系统自带变量标识。

"？"保留，未占用。

"！"保留，未占用。

3. 不可打印的特殊字符

LF：段结束符。

制表键：保留，未占用。

空格：字之间的分隔符，空白字。

7.3.5　编程示例

N10；	G&S 公司订货号 12A71
N20；	泵部件 17，图纸号：123 677
N30；	程序编制 Adam，部门 TV 4
N40 MSG("ZEICHNUNGS NR.:123677")；	
:50 G54 F4.7 S220 D2 M3；	主程序段

```
N60 G0 G90 X100 Z200;
N70 G1 Z185.6;
N80 X112;
/N90 X118 Z180;                        此程序段可跳过
N100 X118 Z120;
N110 G0 G90 X200;
N120 M2;                               程序结束
```

7.4 机床坐标系

7.4.1 确定机床坐标系

7.4.1.1 机床相对运动的规定

在机床上，我们始终认为工件静止，而刀具是运动的，这样编程人员在不考虑机床上工件与刀具具体运动的情况下，就可以依据零件图样确定机床的加工过程。

7.4.1.2 机床坐标系的规定

标准机床坐标系中 X、Y、Z 坐标轴的相互关系用右手笛卡尔直角坐标系决定。

在数控机床上，机床的动作是由数控装置来控制的，为了确定数控机床上的成形运动和辅助运动，必须先确定机床上运动的位移和运动的方向，这就需要通过坐标系来实现，这个坐标系被称为机床坐标系。

例如在铣床上，有机床的纵向运动、横向运动以及垂向运动，在数控加工中就应该用机床坐标系来描述。

标准机床坐标系中 X、Y、Z 坐标轴的相互关系用右手笛卡尔直角坐标系决定，如图 7 - 1 所示。

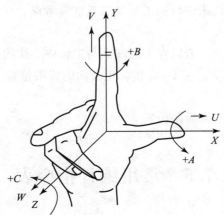

图 7 - 1 右手笛卡尔坐标系

（1）伸出右手的大拇指、食指和中指，并互为90°，则大拇指代表 X 坐标，食指代表 Y 坐标，中指代表 Z 坐标。

（2）大拇指的指向为 X 坐标的正方向，食指的指向为 Y 坐标的正方向，中指的指向为 Z 坐标的正方向。

（3）围绕 X、Y、Z 坐标旋转的旋转坐标分别用 A、B、C 表示，根据右手螺旋定则，大拇指的指向为 X、Y、Z 坐标中任意轴的正向，则其余四指的旋转方向即为旋转坐标 A、B、C 的正向。

7.4.1.3　运动方向的规定

增大刀具与工件距离的方向即为各坐标轴的正方向。

坐标轴方向规定如下：

1. Z 坐标

Z 坐标的运动方向是由传递切削动力的主轴所决定的，即平行于主轴轴线的坐标轴即为 Z 坐标，Z 坐标的正向为刀具离开工件的方向。

2. X 坐标

X 坐标平行于工件的装夹平面，一般在水平面内。确定 X 轴的方向时，要考虑两种情况：

（1）如果工件做旋转运动，则刀具离开工件的方向为 X 坐标的正方向。

（2）如果刀具做旋转运动，则分为两种情况：Z 坐标水平，观察者沿刀具主轴向工件看，+X 运动方向指向右方；Z 坐标垂直时，观察者面对刀具主轴向立柱看，+X 运动方向指向右方。

3. Y 坐标

在确定 X、Z 坐标的正方向后，可以用根据 X 和 Z 坐标的方向，按照右手直角坐标系来确定 Y 坐标的方向。

7.4.1.4　原点的设置

机床原点是指在机床上设置的一个固定点，即机床坐标系的原点。它在机床装配、调试时就已经确定下来，是数控机床进行加工运动的基准参考点。

1. 数控车床的原点

在数控车床上，机床原点一般取在卡盘端面与主轴中心线的交点处。同时，通过设置参数的方法，也可将机床原点设定在 X、Z 坐标正方向的极限位置上。

2. 数控铣床的原点

主轴下端面中心，三轴正向极限位置。

7.5　常用编程指令表

常用的编程指令见表7－2。

表 7 - 2　常用的编程指令

地址	含义	编程
D	刀具补偿号	D_;
F	进给率	F_;
F	和 G4 一起编程 暂停时间	G4F_;单独程序段
G0	快速直线插补	直角坐标系：G0 X_Y_Z_; 极坐标系中的直角坐标：G0 AP = _RP = _; 或者带辅助轴：G0 AP = _RP = _Z_;例如：G17 中的 Z 轴
G1 *	按进给率直线插补	直角坐标系：G1 X_Y_Z_F_; 极坐标系：G1 AP = _RP = _F_; 或者带辅助轴：G1 AP = _RP = _Z_F_;例如：G17 中的 Z 轴
G2	顺时针圆弧插补（和第 3 个轴以及 TURN = _共同 编程时也指螺旋线插补）	G2 X_Y_I_J_F_; 圆心和终点：G2 X_Y_CR = _F_; 半径和终点：G2 AR = _I_J_F_; 张角和圆心：G2 AR = _X_Y_F_; 张角和终点：G2 AR = _X_Y_F_; 极坐标系：G2 AP = _RP = _F_; 或者带辅助轴：G2 AP = _RP = _Z_F_;例如：G17 中的 Z 轴
G3	逆时针圆弧插补（和第 3 个轴以及 TURN = _共同 编程时也指螺旋线插补）	G3_;其他同 G2
CIP	通过中间点进行圆弧 插补	CIP X_Y_Z_I1 = _; J1 = _K1 = _F_;
CT	带切线过渡的圆弧插补	N10; N20 CT X_Y_F_;圆弧，与前一段轮廓是切线过渡
G33	螺纹切削，螺距恒定的 攻丝	S_M_;主轴转速、方向 G33 Z_K_;带补偿攻丝，例如在 Z 轴上
G331	螺纹插补	N10 SPOS = _;主轴处于位置闭环控制 N20 G331 Z_K_S_;刚性攻丝，例如在 Z 轴上；右旋螺 纹或左旋螺纹通过螺距符号定义
G332	螺纹插补，回退	G332 Z_K_;刚性攻丝，例如：在 Z 轴上，退回运行； 螺距的符号同 G331
G4	暂停时间	G4 F_;单独程序段，F:时间，单位秒 或者 G4 S_;单独程序段，S:主轴转速
G63	带补偿攻丝	G63 Z_F_S_M_;

地址	含义	编　程
G74	回参考点运行	G74 X1 = 0 Y1 = 0 Z1 = 0；单独程序段（机床轴名称）
G75	逼近固定点	G75 X1 = 0 Y1 = 0 Z1 = 0；单独程序段（加工轴名称）
G147	WAB – 沿直线逼近	G147 G41 DISR = _DISCL = _FAD = _F_X_Y_Z_;
G148	WAB – 沿直线退回	G148 G40 DISR = _DISCL = _FAD = _F_X_Y_Z_;
G247	WAB – 沿一个四分圆逼近	G247 G41 DISR = _DISCL = _FAD = _F_X_Y_Z_;
G248	WAB – 沿一个四分圆退回	G248 G40 DISR = _DISCL = _FAD = _F_X_Y_Z_;
G347	WAB – 沿一个半圆逼近	G347 G41 DISR = _DISCL = _FAD = _F_X_Y_Z_;
G348	WAB – 沿一个半圆退回	G348 G40 DISR = _DISCL = _FAD = _F_X_Y_Z_;
TRANS	可编程的偏移	TRANS X_Y_Z_;单独程序段
ROT	可编程的旋转	ROT RPL = _;在当前的平面中旋转 G17 至 G19，单独程序段
SCALE	可编程的比例缩放	SCALE X_Y_Z_;给定轴方向的比例缩放，单独程序段
MIRROR	可编程的镜像	MIRROR X0;改变方向的坐标轴，单独程序段
ATRANS	附加的可编程偏移	ATRANS X_Y_Z_;单独程序段
AROT	附加的可编程旋转	转 AROT RPL = _;在当前的平面中附加旋转 G17 至 G19，单独程序段
ASCALE	附加的可编程比例缩放	ASCALE X_Y_Z_;给定轴方向的比例系数，单独程序段
AMIRROR	附加的可编程镜像	AMIRROR X0;改变方向的坐标轴，单独程序段
G25	主轴转速下限或者工作区域下限	G25 S_;单独程序段 G25 X_Y_Z_;单独程序段
G26	主轴转速上限或者工作区域上限	G26 S_;单独程序段 G26 X_Y_Z_;单独程序段
G110	极点坐标，相对于上次编程的设定位置	G110 X_Y_;极点坐标，直角坐标系 例如：G17 时 G110 RP = _AP = _;极点坐标，单独程序段
G111	极点坐标，相对于当前工件坐标系零点	G111 X_Y_;极点坐标，直角坐标系 例如：G17 时 G111 RP = _AP = _;极点坐标，单独程序段
G112	极点坐标，相对于上次有效的 POL	G112 X_Y_;极点坐标，直角坐标系 例如：G17 时 G112 RP = _AP = _;极点坐标，单独程序段

续表

地址	含义	编　程
G17	X/Y 平面	G17；垂直于该平面的轴
G18	Z/X 平面	平面为刀具长度
G19	Y/Z 平面	补偿轴
G40	刀具半径补偿 OFF	
G41	刀具半径补偿，轮廓左侧	
G42	刀具半径补偿，轮廓右侧	
G500	可设定的零点偏移 OFF	
G54	可设定的零点偏移	
G55	可设定的零点偏移	
G56	可设定的零点偏移	
G57	可设定的零点偏移	
G58	可设定的零点偏移	
G59	可设定的零点偏移	
G53	程序段方式取消可设定的零点偏移	
G153	程序段方式取消可设定的零点偏移，包括基本框架	
G60	准停	
G64	连续路径运行	
G62	当激活刀具半径补偿时内角上的角减速（G41，G42）	G62 Z_G1；
G9	程序段方式准停	
G601	G60、G9 下的精准停窗口	
G602	G60、G9 下的粗准停窗口	

地址	含义	编程
G621	所有角上的角减速	G621 ADIS = _;
G70	英制尺寸	
G71	公制尺寸	
G700	英制尺寸，也用于进给 F	
G710	公制尺寸，也用于进给 F	
G90	绝对尺寸	
G91	增量尺寸	
G94	进给率 F，单位为 mm/min	
G95	主轴旋转进给率，单位为 mm/r	
CFC	加工圆弧时进给量修调 ON	
CFTCP	进给量修调 OFF	
G450	过渡圆弧	
G451	交点	
BRISK	轨迹跳跃加速	
SOFT	轨迹平滑加速	
FFWOF	前馈控制 OFF	
FFWON	前馈控制 ON	
WALIMON	工作区域限制 ON	适用于所有通过设定数据激活的轴，通过 G25、G26 设置值
WALIMOF	工作区域限制 OFF	
COMPOF	压缩器 OFF	
COMPCAD	表面质量压缩器 ON	
EXTCALL	执行外部子程序	在"外部执行"模式中加载 HMI 的程序
G340	在空间中逼近与退回（WAB）	
G341	在平面中逼近与退回（WAB）	

续表

地址	含义	编 程
G290	西门子模式	
G291	外部模式	
H H0 = 到 H9999 =	H 功能	H0 = _H9999 = _; 例如：H7 = 23.456;
I	插补参数	参见 G2，G3，G33，G331 和 G332
J	插补参数	参见 G2，G3，G33，G331 和 G332
K	插补参数	参见 G2，G3，G33，G331 和 G332
I1 =	圆弧插补的中间点	参见 CIP
J1 =	圆弧插补的中间点	参见 CIP
K1 =	圆弧插补的中间点	参见 CIP
L	子程序，名称和调用	L781；单独程序段
M	附加功能	M_;
M0	编程停止	
M1	有条件停止	
M2	主程序程序结束，复位，到程序开始	
M30	程序结束（同 M2），在最后的程序段中写入	
M17	子程序程序结束，在最后的程序段中写入	
M3	主轴顺时针旋转	
M4	主轴逆时针旋转	
M5	主轴停止	
M6	换刀	
M40	自动齿轮级换挡	
M41 到 M45	齿轮级 1 到齿轮级 5	
M70，M19	保留，未占用	
M_	其他 M 功能	
N	程序段号 – 副程序段	N20_
:	程序段号 – 主程序段	:20_

地址	含义	编程
P	子程序调用次数	N10 L781 P_；单独程序段 N10 L871 P3；调用三次
R0 到 R299	算术参数	R1 = 7.9431 R2 = 4 使用指数：R1 = −1.9876EX9；R1 = −1 987 600 000
SIN（）	正弦	R1 = SIN（17.35）
COS（）	余弦	R2 = COS（R3）
TAN（）	正切	R4 = TAN（R5）
ASIN（）	反正弦	R10 = ASIN（0.35）；R10：20.487°
ACOS（）	反余弦	R20 = ACOS（R2）
ATAN2（,）	反正切 2	R40 = ATAN2（30.5，80.1）；R40：20.8455°
SQRT（）	平方根	R6 = SQRT（R7）
POT（）	平方	R12 = POT（R13）
ABS（）	绝对值	R8 = ABS（R9）
TRUNC（）	取整	R10 = TRUNC（R11）
LN（）	自然对数	R12 = LN（R9）
EXP（）	指数函数	R13 = EXP（R1）
RET	子程序结束	RET；单独程序段
S	主轴转速	S_
S	暂停时间	G4 S_；单独程序段
T	刀具号	T_
X	轴	X_
Y	轴	Y_
Z	轴	Z_
AC	绝对坐标	N10 G91 X10 Z = AC（20）；X 轴增量尺寸，Z 轴绝对尺寸
ACC	［轴］百分比加速度	N10 ACC［X］=80；表示 X 轴 80% N20 ACC［S］=50；表示主轴 50%
ACP	绝对坐标，从正方向逼近该位置（用于回转轴、主轴）	N10 A = ACP（45.3）；从正方向运行至轴的绝对位置 A N20SPOS = ACP（33.1）；主轴定位
ACN	绝对坐标，从负方向逼近该位置（用于回转轴、主轴）	N10 A = ACN（45.3）；从负方向运行至轴的绝对位置 A N20SPOS = ACN（33.1）；主轴定位

地址	含义	编　　程
ANG	轮廓段中的直线角度	N10 G1 G17 X_Y_； N11 X_ANG = _； 或者通过多个程序段编程轮廓： N10 G1 G17 X_Y_； N11 ANG = _； N12 X_Y_ANG = _；
AP	极角	参见 G0，G1，G2，G3，G110，G111，G112
AR	圆弧插补张角	参见 G2，G3
CALL	间接调用循环	N10 CALL VARNAME；变量名
CHF	倒角，一般应用	N10 X_Y_CHF = _； N11 X_Y_；
CHR	倒角，轮廓段中	N10 X_Y_CHR = _； N11 X_Y_；
CR	圆弧插补半径	参见 G2，G3
CYCLE_ HOLES_ POCKET_ SLOT_	加工循环	详情参见具体的加工循环
CYCLE81	钻削，定心	N5 RTP = 110； RFP = 100…；赋值 N10 CYCLE81（RTP，RFP，…）；单独程序段
CYCLE82	钻削，锪平面	N5 RTP = 110； RFP = 100…；赋值 N10 CYCLE82（RTP，RFP，…）；单独程序段
CYCLE83	深孔钻削	N10 CYCLE83（110，100，…）；或者直接传输值，单独程序段
CYCLE84	刚性攻丝	N10 CYCLE84（…）；单独程序段
CYCLE840	带补偿攻丝	N10 CYCLE840（…）；单独程序段
CYCLE85	铰孔 1	N10 CYCLE85（…）；单独程序段
CYCLE86	镗孔	N10 CYCLE86（…）；单独程序段
CYCLE87	钻削，带停止 1	N10 CYCLE87（…）；单独程序段
CYCLE88	钻削，带停止 2	N10 CYCLE88（…）；单独程序段
CYCLE89	铰孔 2	N10 CYCLE89（…）；单独程序段
CYCLE90	螺纹铣削	N10 CYCLE90（…）；单独程序段
HOLES1	成排孔	N10 HOLES1（…）；单独程序段
HOLES2	圆弧孔	N10 HOLES2（…）；单独程序段
SLOT1	铣槽	N10 SLOT1（…）；单独程序段

地址	含义	编　　程
SLOT2	铣削圆弧槽	N10 SLOT2（…）；单独程序段
POCKET3	矩形腔	N10 POCKET3（…）；单独程序段
POCKET4	圆形腔	N10 POCKET4（…）；单独程序段
CYCLE71	平面铣削	N10 CYCLE71（…）；单独程序段
CYCLE72	轮廓铣削	N10 CYCLE72（…）；单独程序段
CYCLE76	铣削矩形凸台	N10 CYCLE72（…）；单独程序段
CYCLE77	铣削圆形凸台	N10 CYCLE71（…）；单独程序段
LONGHOLE	长孔	N10 LONGHOLE（…）；单独程序段
GOTOB	向后跳转指令	N10 LABEL1： … N100 GOTOB LABEL1
GOTOF	向前跳转指令	N10 GOTOF LABEL2 … N130 LABEL2： …
IF	跳转条件	N10 IF R1 > 5 GOTOF LABEL3 … N80 LABEL3： …
MSG（）	显示信息	MSG（" MELDETEXT"）；单独程序段 … N150 MSG（）；删除上一条信息
RND	倒圆	N10 X_Y_RND = 4.5； N11 X_Y_；
RP	极半径	参见 G0，G1，G2，G3，G110，G111，G112

7.6　数控车床编程

对于数控车床来说，采用不同的数控系统，其编程方法也不同。

7.6.1　尺寸系统的编程方法

7.6.1.1　绝对尺寸和增量尺寸

在数控编程时，刀具位置的坐标通常有两种表示方式：一种是绝对坐标，另一种是增量

（相对）坐标。数控车床编程时，可采用绝对值编程、增量值编程或者二者混合编程。

（1）绝对值编程：所有坐标点的坐标值都是从工件坐标系的原点计算的，称为绝对坐标，用 X、Z 表示。

（2）增量值编程：坐标系中的坐标值是相对于刀具的前一位置（或起点）计算的，称为增量（相对）坐标。X 轴坐标用 U 表示，Z 轴坐标用 W 表示，正、负由运动方向确定。

7.6.1.2　直径编程与半径编程

数控车床编程时，由于所加工的回转体零件的截面为圆形，所以其径向尺寸就有直径和半径两种表示方法，采用哪种方法是由系统的参数决定的。数控车床出厂时一般设定为直径编程，所以程序中 X 轴方向的尺寸为直径值。如果需要用半径编程，则需要改变系统中的相关参数，使系统处于半径编程状态。

7.6.1.3　公制尺寸与英制尺寸

G20 英制尺寸输入，G21 公制尺寸输入（发那科）。

G70 英制尺寸输入，G71 公制尺寸输入（西门子）。

工程图纸中的尺寸标注有公制和英制两种形式，数控系统可根据所设定的状态，利用代码把所有的几何值转换为公制尺寸或英制尺寸，系统开机后，机床处于公制 G21 状态。

公制与英制单位的换算关系为：$1\text{mm} \approx 0.039\,4\text{in}$，$1\text{in} \approx 25.4\text{mm}$。

7.6.2　主轴控制、进给控制及刀具选用

7.6.2.1　主轴功能 S

S 功能由地址码 S 和后面的若干数字组成。

1. 恒线速度控制指令 G96

系统执行 G96 指令后，S 指定的数值表示切削速度。例如 G96 S150，表示车刀切削点速度为 150m/min。

2. 取消恒线速度控制指令 G97（恒转速指令）

系统执行 G97 指令后，S 指定的数值表示主轴每分钟的转速。例如 G97 S1200，表示主轴转速为 1 200r/min。发那科系统开机后，默认为 G97 状态。

3. 最高速度限制 G50

G50 除有坐标系设定功能外，还有主轴最高转速设定功能。例如 G50 S2000，表示把主轴最高转速设定为 2 000r/min。用恒线速度控制进行切削加工时，为了防止出现事故，必须限定主轴转速。

7.6.2.2　进给功能 F

F 功能表示进给速度，它由地址码 F 和后面若干位数字构成。

1. 每分钟进给指令 G98

数控系统在执行了 G98 指令后，便认定 F 所指的进给速度单位为 mm/min（毫米/分

钟），如 G98 G01 Z－20.0 F200；程序段中的进给速度是 200mm/min。

2. 每转进给指令 G99

数控系统在执行了 G99 指令后，便认定 F 所指的进给速度单位为 mm/r（毫米/转），如 G99 G01 Z－20.0 F0.2；程序段中进给速度是 0.2mm/r。

7.6.2.3　插补指令

1. 快速定位指令 G00

G00 指令使刀具以点定位控制方式从刀具所在点快速运动到下一个目标位置。它只是快速定位，而无运动轨迹要求，且无切削加工过程。

指令格式：

G00 X(U)_Z(W)_;

其中：（1）X、Z 为刀具所要到达点的绝对坐标值。

（2）U、W 为刀具所要到达点距离现有位置的增量坐标值（不运动的坐标可以不写）。

2. 直线插补指令 G01

G01 指令是直线运动命令，规定刀具在两坐标间以插补联动方式按指定的进给速度 F 做任意的直线运动。

指令格式：

G01 X(U)_Z(W)_F_;

其中：（1）X、Z 或 U、W 含义与 G00 相同。

（2）F 为刀具的进给速度（进给量），应根据切削要求确定。

3. 圆弧插补指令 G02、G03

圆弧插补指令有顺时针圆弧插补指令 G02 和逆时针圆弧插补指令 G03 两种。

编程格式：

顺时针圆弧插补指令的指令格式为：

G02 X(U)_Z(W)_R_F_;

G02 X(U)_Z(W)_I_K_F_;

逆时针圆弧插补指令的指令格式为：

G03 X(U)_Z(W)_R_F_;

G03 X(U)_Z(W)_I_K_F_;

其中：（1）X、Z 是圆弧插补终点坐标的绝对值，U、W 是圆弧插补终点坐标的增量值。

（2）（半径法）R 是圆弧半径，以半径值表示。

当圆弧对应的圆心角≤180°时，R 是正值；

当圆弧对应的圆心角＞180°时，R 是负值。

（3）（圆心法）I、K 是圆心相对于圆弧起点的坐标增量，即在 X(I)、Z(K) 轴上的分向量。

（4）选用原则：以使用方便（不用计算，即可看出数值者）为原则进行取舍，当同一程序段中同时出现 I、K 和 R 时，以 R 为优先（即有效），I、K 无效。

（5）I 为 0 或 K 为 0 时，可省略不写。

（6）若要插补一整圆，只能用圆心法表示，半径法无法执行。若用半径法以两个半圆相接，其真圆度误差会太大。

（7）F 为沿圆弧切线方向的进给率或进给速度。

7.7　数控铣床及加工中心编程

对于数控铣床来说，采用不同的数控系统，其编程方法也不同。

7.7.1　数控编程基础

7.7.1.1　程序名称

每个程序均有各自的程序名称。在编制程序时可以自由选择名称，但是必须遵守以下规定：

（1）开始的两个字符必须是字母。

（2）其后的字符可以是字母、数字或者下划线。

（3）不能使用分隔符（参见"字符集"）。

（4）小数点只可用于表示文件扩展。

（5）最多可以使用 27 个字符。

7.7.1.2　程序结构

结构和内容：NC 程序由多个程序段构成，每个程序段说明一个加工步骤。在一个程序段中以字的形式写出各个指令。

在加工步骤的最后一个程序段包含一个特殊字，表明程序段结束，例如 M2。

7.7.2　位移说明

7.7.2.1　尺寸系统的编程方法

绝对尺寸，G90：有效用于程序段中的所有轴，直至通过下一个程序段中的 G91 指令进行撤销。

绝对尺寸，X = AC（值）：只有这个值适用于给定轴并且不受 G90/G91 的影响。也可以用于所有的轴以及主轴定位 SPOS、SPOSA 和插补参数 I、J、K。

绝对尺寸，X = DC（值）：直接按最短路径运行到位置上，只有这个值适用于给定的回转轴并且不受 G90/G91 的影响。也可以用于主轴定位 SPOS、SPOSA。

绝对尺寸，X = ACP（值）：按正方向逼近位置，只有这个值适用于在机床数据范围设置 0，…，＜360 度的回转轴。

绝对尺寸，X = ACN（值）：按负方向逼近位置，只有这个值适用于在机床数据范围设置 0，…，＜360 度的回转轴。

增量尺寸，G91：有效用于程序段中的所有轴，直至通过下一个程序段中的 G90 进行撤销。

增量尺寸，X = IC（值）：只有这个值适用于给定轴并且不受 G90/G91 的影响。也可以用于所有的轴，以及主轴定位 SPOS、SPOSA 和插补参数 I、J、K。

英寸尺寸，G70：用于程序段中的所有线性轴，直至通过下一个程序段中的 G71 进行撤销。也用于进给率和带有长度的设置参数。

公制尺寸，G71：用于程序段中的所有线性轴，直至通过下一个程序段中的 G70 进行撤销。也用于进给率和带有长度的设置参数。

打开直径编程：DIAMON。

关闭直径编程：DIAMOF。

直径编程，DIAM90：用于带有 G90 的运行程序段。

半径编程：用于带有 G91 的运行程序段。

7.7.2.2　平面选择

平面选择：G17 到 G19，为分配刀具半径补偿或者刀具长度补偿，应首先从三根轴 X、Y、Z 中选出两根轴组成一个平面，然后在该平面中激活刀具半径补偿。平面和轴分配见表 7 – 3。

表 7 – 3　平面和轴分配

G 功能	平面（横坐标/纵坐标）	垂直于平面的轴
G17	X/Y	Z
G18	Z/X	Y
G19	Y/Z	X

钻削/铣削时的平面和轴分配如图 7 – 2 所示。

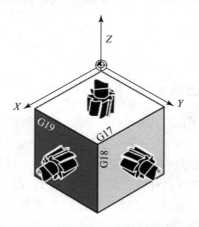

图 7 – 2　钻削/铣削时的平面和轴分配

编程举例：

N10 G17 T_D_M_;　　　选择 X/Y 平面

N20 X_Y_Z_;　　　　　Z 轴的刀具长度补偿（长度 l）

7.7.2.3 极坐标

极点定义：G110，G111，G112。

工件上的点除了可按通常方式用直角坐标系（X，Y，Z）定义外，还可以用极坐标定义。

如果一个工件或一个零部件，当其尺寸以到一个中心点（极点）的半径和角度来设定时，往往就使用极坐标。

不同平面正方向上的极半径和极角如图 7 - 3 所示。

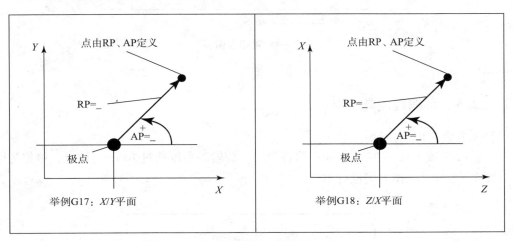

图 7 - 3 不同平面正方向上的极半径和极角

编程举例：

N10 G17;	X/Y 平面
N20 G111 X17 Y36;	当前工件坐标系中的极坐标
...	
N80 G112 AP = 45 RP = 27.8;	极坐标中相对于前一极点的新极点
N90 AP = 12.5 RP = 47.679;	极坐标
N100 AP = 26.3 RP = 7.344 Z4;	极坐标和 Z 轴（圆柱坐标）

7.7.2.4 可编程的零点偏移

可编程的零点偏移：TRANS，ATRANS。

在下列情况下可以使用可编程的零点偏移：

（1）工件在不同的位置有重复的形状/结构。

（2）选择了新的参考点说明尺寸。

（3）作为粗加工的余量。

由此产生当前的工件坐标系，新输入的尺寸以此坐标系为基准。偏移适用于所有轴。

以图 7 - 4 所示操作为例进行编程。

编程举例：

N20 TRANS X20 Y15;	可编程的偏移
N30 L10;	子程序调用，包含待偏移的几何量
...	

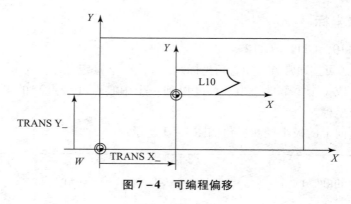

图 7－4　可编程偏移

N70 TRANS;　　　　　　　　　取消偏移

7.7.2.5　可编程旋转

可编程旋转：ROT，AROT。

在当前 G17 或 G18 或 G19 平面中执行旋转，旋转的角度通过 RPL＝_设定，单位为度。

以图 7－5 所示操作为例进行编程。

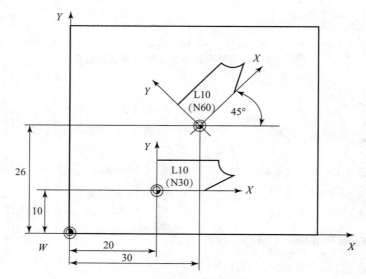

图 7－5　举例：偏移和旋转

编程举例：

N10 G17 …;　　　　　　　　　*X/Y* 平面

N20 TRANS X20 Y10;　　　　　可编程的偏移

N30 L10;　　　　　　　　　　子程序调用，包含待偏移的几何量

N40 TRANS X30 Y26;　　　　　新偏移

N50 AROT RPL＝45;　　　　　附加旋转 45°

N60 L10;　　　　　　　　　　子程序调用

N70 TRANS;　　　　　　　　　删除偏移和旋转

…

7.7.2.6 可编程的比例系数

使用 SCALE、ASCALE 可以为所有坐标轴编程一个比例系数，按此系数放大或缩小设定的轴上的位移。比例缩放以当前设置的坐标系为基准。

以图 7-6 所示操作为例进行编程。

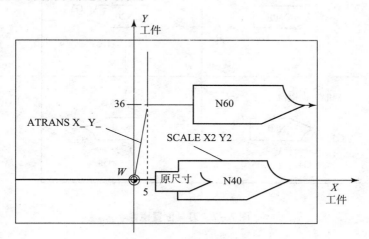

图 7-6 比例缩放和偏移

编程举例：

N10 G17;	X/Y 平面
N20 L10;	编程的原始轮廓
N30 SCALE X2 Y2;	X 轴和 Y 轴方向的轮廓放大 2 倍
N40 L10;	
N50 ATRANS X2.5 Y18;	该值也会被比例缩放
N60 L10;	放大并平移轮廓

7.7.2.7 可编程镜像

用 MIRROR、AMIRROR 通过坐标轴对工件形状执行镜像操作。所有编程了镜像的轴运行均反向。

以图 7-7 所示操作为例进行编程。

编程举例：

…

N10 G17;	X/Y 平面，Z 轴垂直于该平面
N20 L10;	编程的轮廓，G41 激活
N30 MIRROR X0;	X 轴上方向变换
N40 L10;	经过镜像的轮廓
N50 MIRROR Y0;	Y 轴上方向变换
N60 L10;	
N70 AMIRROR X0;	X 轴上再次镜像

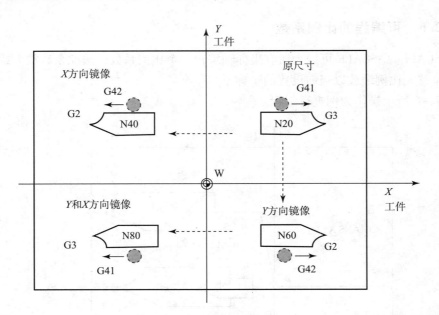

图 7 - 7　刀具位置镜像

N80 L10;　　　　　　　　经过两次镜像的轮廓
N90 MIRROR;　　　　　　取消镜像
…

7.7.2.8　工件可设定的零点偏移

可设定的零点偏移定义机床上工件零点的位置（工件零点的偏移以机床零点为基准）。当工件装夹到机床上后将计算偏移量，并通过操作输入到相应的数据区。程序可以通过从六个可能的功能组进行选择以激活此值，即 G54 ~ G59。

钻削/铣削时的多个工件夹紧如图 7 - 8 所示。

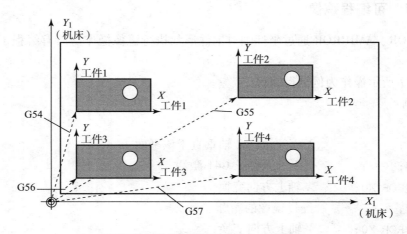

图 7 - 8　钻削/铣削时的多个工件夹紧

编程示例：

N10 G54…;	调用第一个可设定的零点偏移
N20 L47;	加工工件 1，此处为 L47
N30 G55…;	调用第二个可设定的零点偏移
N40 L47;	加工工件 2，此处为 L47
N50 G56…;	调用第三个可设定的零点偏移
N60 L47;	加工工件 3，此处为 L47
N70 G57…;	调用第四个可设定的零点偏移
N80 L47;	加工工件 4，此处为 L47
N90 G500 G0 X_;	取消可设定的零点偏移

7.7.3　轴运行

7.7.3.1　快速移动直线插补

快速移动功能 G0 用于刀具的快速定位，但不能用于直接加工工件。可同时以直线轨迹运行所有的轴。

每个轴的最大速度（快速移动）在机床数据中定义。只运行一个轴时，以该轴的快速移动速度运行。如果同时运行两个或三个轴，则会根据相关轴选择最大可能的轨迹速度（例如得出的刀尖速度）。

编程的进给率（F 字）对于 G0 无意义。G0 一直生效，直到被此 G 功能组中其他的指令（G1，G2，G3，…）取代为止。

编程举例：

N10 G0 X100 Y150 Z65;　　　　　直角坐标

…

N50 G0 RP＝16.78 AP＝45;　　　　极坐标

7.7.3.2　带进给率的直线插补

带进给率的直线插补 G1，刀具以直线轨迹从起始点运动到终点。轨迹速度通过编程 F 字给定，可同时运行所有轴。

G1 一直生效，直到被此 G 功能组中的其他指令（G0，G2，G3，…）取代为止。

编程举例：

N05 G0 G90 X40 Y48 Z2 S500 M3;	刀具快速移动到 P_1，3 轴同时，主轴转速为 500r/min，顺时针旋转
N10 G1 Z－12 F100;	进刀至 $Z-12$，进给率为 100mm/min
N15 X20 Y18 Z－10;	刀具以直线运行到 P_2
N20 G0 Z100;	快速退回
N25 X－20 Y80;	
N30 M2;	程序结束

7.7.3.3 圆弧插补

刀具以圆弧轨迹从起始点运动到终点，其方向由 G 功能确定：

G2：顺时针方向；

G3：逆时针方向。

G2/G3 一直生效，直到被此 G 功能组中的其他指令（G0，G1，…）取代为止。轨迹速度通过编程 F 字给定。

编程举例：

G2/G3 X_Y_I_J_；　　　　　　圆心和终点

G2/G3 CR = _X_Y_；　　　　　圆弧半径和终点

G2/G3 AR = _I_J_；　　　　　张角和圆心

G2/G3 AR = _X_Y_；　　　　　张角和终点

G2/G3 AP = _RP = _；　　　　极坐标，以极点为圆心的圆弧

7.7.3.4 进给率

进给率是轨迹速度，它是所有相关轴的速度分量的矢量和。单个轴的速度是刀具轨迹速度在坐标轴上的分量。

进给率 F 在 G1、G2、G3、CIP、CT 插补方式中生效，并且一直有效，直到写入新的 F 字。

使用 G94/G95 定义 F 的单位，F 字的单位通过 G 功能定义：

G94：进给率 F，单位为 mm/min。

G95：主轴旋转进给率 F，单位为 mm/min（仅在主轴旋转时有意义）。

编程举例：

N10 G94 F310；　　　　　　进给率，单位 mm/min

…

N110 S200 M3；　　　　　　主轴旋转

N120 G95 F15.5；　　　　　进给率，单位 mm/min

7.7.3.5 第 4 轴

某些机床类型可能需要第 4 轴，例如：回转台、旋转台等。该轴可以是直线轴，也可以是回转轴，可以为该轴定义相应的名称，例如：U 或者 C 或者 A 轴等。如果该轴是回转轴，则可在 $0 < \theta < 360°$（模数属性）内定义它的运行范围。

在相应的机床结构中，第 4 轴可以与其他轴同时直线运行。如果在一个程序段中用 G1 或 G2/G3 使此轴与其他轴（X，Y，Z）一起运行，则其不含有进给率 F 的分量。其速度取决于 X、Y、Z 轴的轨迹时间，"直线"运动与其他轨迹轴一起开始并结束。但是该速度不能大于定义的极限值。

如果在一个程序段中仅编程了第 4 轴，则编程 G1 时该轴会以进给率 F 运行。若该轴为回转轴，F 的单位在 G94 时相应为（°）/min，G95 时为（°）/r。

同样，对于该轴也可以设置可设定的偏移（G95，…，G59）和可编程的偏移

（TRANS，ATRANS）。

编程举例：

第 4 轴为旋转台（回转轴），轴名称为 A：

N5 G94;

N10 G0 X10 Y20 Z30 A45;　　　　快速移动 X 轴、Y 轴、Z 轴，同时运行 A 轴

N20 G1 X12 Y21 Z33 A60 F400;　　以 400mm/min 的进给率移动 X 轴、Y 轴、Z 轴，同时运行 A 轴

N30 G1 A90 F3000;　　　　　　　单独以 3 000°/min 的进给率运行 A 轴到 90°位置

7.7.4　主轴运动

主轴转速 S 及旋转方向。

如果机床具备受控主轴，则可以在地址 S 下编程主轴的转速，单位为 r/min。

通过 M 指令可以设置主轴的旋转方向以及运行开始或结束（参见"辅助功能 M"）。

M3：主轴顺时针旋转；

M4：主轴逆时针旋转；

M5：主轴停止。

编程举例：

N10 G1 X70 Z20 F300 S270 M3;　　在 X 轴、Z 轴运行前，主轴以 270r/min 的速度顺时针旋转

...

N80 S450 M_;　　　　　　　　　改变转速

...

7.7.5　轮廓编程支持

倒圆、倒角。

在轮廓角中可以加入倒角（CHF 或 CHR）或倒圆（RND）。如果希望用同样的方法对若干轮廓拐角连续进行倒圆，那么可用"模态倒圆"（RNDM）命令达到。可以用 FRC（非模态）或 FRCM（模态）命令给倒角/倒圆编程进给率。如果没有编程 FRC 或 FRCM，则一般进给率生效。

编程举例：

N5 G17 G94 F300;

N10 G1 X_CHF=5;　　　　　　　　插入倒角，倒角底长 5mm

N20 X_Y_;

...

N100 G1 X_CHR=7;　　　　　　　插入倒角，倒角腰长 7mm

N110 X_Y_;

...

```
N200 G1 FRC = 200 X_CHR = 4;        插入倒角, 进给率 FRC
N210 X_Y_;
```

7.7.6 刀具和刀具补偿

它的功能是: 在创建工件加工程序时无须考虑刀具长度或刀具半径, 可以直接编程工件尺寸。

例如: 根据图纸直接编程, 可以把刀具参数单独输入到特殊的数据区中, 在程序中只需调用所要求的刀具及刀补参数, 必要时可激活刀具半径补偿。控制系统利用这些数据执行所要求的轨迹补偿, 从而加工出说明的工件。

7.7.6.1 刀具 T

通过编程 T 字可以进行换刀。在机床数据中定义, 是执行换刀还是只进行预选: 使用 T 字直接换刀 (刀具调用) 或者通过 T 字进行预选, 然后使用 M6 指令进行换刀。

7.7.6.2 刀具补偿号 D

可以为一把刀具分配 1~9 个带不同刀具补偿程序段 (用于多个刀沿) 的数组。如果需要特殊刀沿, 可以编程 D 和相应的编号。

如果没有写入任何 D 字, 则 D1 自动生效。编程 D0 时, 刀具补偿失效。

编程举例:

不使用 M6 指令换刀 (仅使用 T):

```
N5 G17;             确定长度补偿轴 (此处为 Z 轴)
N10 T1;             激活刀具 1 和相应的 D1
N11 G0 Z_;          G17 中, Z 轴为长度补偿轴, 长度补偿叠加
N50 T4 D2;          换入刀具 4, T4 的 D2 生效
...
N70 G0 Z_D1;        刀具 4 的 D1 生效, 只更换刀沿
```

通过 M6 换刀:

```
N5 G17;             确定长度补偿轴 (此处为 Z 轴)
N10 T1;             刀具预选
...
N15 M6;             换刀, T1 和相应的 D1 生效
N16 G0 Z_;          G17 中, Z 轴为长度补偿轴, 长度补偿叠加
...
N20 G0 Z_D2;        刀具 1 的 D2 生效; G17 中 Z 轴为长度补偿轴, 长度补偿 D1 - D2
                    的差值叠加
N50 T4;             刀具预选 T4, 注意: T1 和相应的 D2 仍有效
...
N55 D3 M6;          换刀, T4 和相应的 D3 生效
...
```

7.7.7　辅助功能 M

利用辅助功能 M 可以设定诸如开关操作、冷却液 ON/OFF 等。

辅助功能中，一小部分的 M 功能已经由控制系统制造商预置，作为固定功能占用，其他功能供机床生产厂商使用，用户应参看机床生产厂家的使用说明书。

编程举例：

N10 S_ ;

N20 X_M3;　　　程序段中 M 功能，有轴运动，在 X 轴运行之前主轴正转

7.7.8　H 功能

使用 H 功能可从程序中向 PLC 传输浮点型数据。某些 H 功能值的意义由机床制造商确定。

编程举例：

N10 H1 = 1.987 H2 = 978.123 H3 = 4;　　　程序段中有 3 个 H 功能

N20 G0 X71.3 H99 = −8978.234;　　　程序段中有轴运行指令

N30 H5;　　　相当于 H0 = 5.0

7.7.9　计算参数 R、LUD 和 PLC 变量

7.7.9.1　计算参数 R

如果一个 NC 程序不仅仅适用于一次性特定数值，或者必须计算出数值，则可以使用计算参数。在程序运行时，可以通过控制系统计算或者设置所需要的数值。

另一种方法就是通过操作设定计算参数值。如果给计算参数赋值，则可以在程序中赋值其他数值给定的 NC 地址。

7.7.9.2　局部用户数据（LUD）

用户/编程人员（使用者）可以在程序中定义自己的不同数据类型的变量（LUD = LocalUser Data 局部用户数据），这些变量只在定义它们的程序中出现。可以在程序的开头直接定义这些变量并为它们赋值，否则初始值为零。

7.7.9.3　PLC 变量的读和写

为了在 NC 和 PLC 之间进行快速的数据交换，在 PLC 用户接口提供了一个长度为 512 字节的特殊数据区。在此区域中，PLC 数据具有相同的数据类型和位置偏移量，在 NC 程序中可以读写这些一致的变量。

7.7.10 程序跳转

标记符或程序段号用于标记程序中所跳转的目标程序段。用跳转功能可以实现程序运行分支。

标记符可以自由选取，但必须由 2 ~ 8 个字母或数字组成，其中开始的两个符号必须是字母或下划线。

跳转目标程序段中标记符后面必须以冒号结束，标记符始终位于程序段段首。如果程序段有段号，则标记符紧跟着段号。在一个程序中，各标记符必须具有唯一的含义。

7.7.11 子程序

子程序和主程序之间基本没有区别。通常使用子程序保存重复出现的加工步骤，例如特定的轮廓形状。在主程序中，可以在相应的位置调用并执行这些子程序。

子程序的一种形式就是加工循环。加工循环包含了普遍适用的加工情况（例如：钻削、攻丝、铣槽等）。通过给设定的传输参数赋值就可以实现各种具体的加工。

7.8 循 环

7.8.1 循环概述

循环是指用于实现特定加工过程的工艺子程序，比如用于钻削螺纹或铣削凹槽。通常根据实际情况，在调用循环时进行相应的赋值来满足加工要求。

控制系统 SINUMERIK 802D sl 可以执行下列标准循环：

7.8.1.1 钻削循环

CYCLE81：钻削，定中心；

CYCLE82：钻削，锪平面；

CYCLE83：深孔钻削；

CYCLE84：刚性攻丝；

CYCLE840：带补偿攻丝；

CYCLE85：铰孔 1（镗孔 1）；

CYCLE86：镗孔（镗孔 2）；

CYCLE87：带停止的钻孔 1（镗孔 3）；

CYCLE88：带停止的钻孔 2（镗孔 4）；

CYCLE89：铰孔 2（镗孔 5）。

7.8.1.2 钻削图循环

HOLES1：成排孔；

HOLES2：圆弧孔。

7.8.1.3 铣削循环

CYCLE71：平面铣削；

CYCLE72：轮廓铣削；

CYCLE76：铣削矩形凸台；

CYCLE77：铣削圆形凸台；

LONGHOLE：长孔形；

SLOT1：铣槽，槽位于一个圆弧上；

SLOT2：铣削环形槽；

POCKET3：铣削矩形腔（用任意铣刀）；

POCKET4：铣削圆形腔（用任意铣刀）；

CYCLE90：螺纹铣削。

7.8.2 循环编程

调用和返回条件：在循环调用之前，有效的 G 功能和可编程偏移在循环之后继续生效。在循环调用之前需定义加工平面（G17、G18、G19）。

钻削循环时，在垂直于当前平面的轴向上进行钻削。铣削时，在该轴向进行深度进刀。

编程时必须遵循赋值参数的顺序。

每个循环赋值参数都具有特定的数据类型。在循环调用时，必须注意当前使用的参数的数据类型。在参数列表中可以输入以下参数：R 参数（仅用于数值）、常量。如果在参数列表中使用 R 参数，必须事先在程序中为其赋值。此时可按以下方式调用循环：使用不完整的参数列表或忽略参数。

对于取值范围有限制的参数，不进行参数值的合理性检测，除非在一个循环中特别描述了故障响应。

7.8.3 循环编程举例

7.8.3.1 钻网格孔

使用此程序在 XY 平面上加工一个由 5 行 5 列钻孔组成的网格孔，钻孔之间的距离为 10mm。网格孔的起始点位于（$X30$，$Y20$）处。

在图 7-9 所示示例中，使用 R 参数作为循环的传输参数。

编程示例：

```
R10 =102;              基准面
```

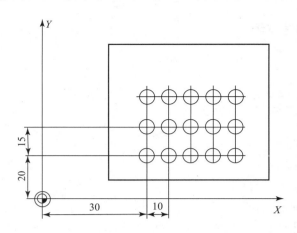

图 7 – 9　示例：网格孔 – **HOLES1**

R11 =105;	退回平面	
R12 =2;	安全距离	
R13 =75;	钻削深度	
R14 =30;	成排孔参考点的平面第 1 轴	
R15 =20;	成排孔参考点的平面第 2 轴	
R16 =0;	起始角	
R17 =10;	第 1 个钻孔到参考点的距离	
R18 =10;	钻孔之间的距离	
R19 =5;	每行的钻孔数量	
R20 =5;	钻孔行数	
R21 =0;	行数计数器	
R22 =10;	行间距	
N10 G90 F300 S500 M3 T10 D1;	确定工艺数值	
N20 G17 G0 X = R14 Y = R15 Z105;	逼近起始位置	
N30 MCALL CYCLE82(R11,R10,R12,R13,0,1);	模态调用钻削循环	
N40 LABEL1:;	调用成排孔循环	
N41 HOLES1(R14,R15,R16,R17,R18,R19)		
N50 R15 = R15 + R22;	计算下一行的 y 值	
N60 R21 = R21 +1;	提高行数计数器	
N70 IF R21 < R20 GOTOB LABEL1;	如果满足条件，则跳转到 LABEL1	
N80 MCALL;	取消模态调用	
N90 G90 G0 X30 Y20 Z105;	逼近起始位置	
N100 M02;	程序结束	

7.8.3.2　铣削方形凸台

使用此程序在 XY 平面中加工一个凸台，其长度为 60mm，宽度为 40mm，拐角半径为 15mm。凸台和 X 轴的夹角为 10°，预加工余量为长度 80mm、宽度 50mm。如图 7 – 10 所示。

N10 G90 G0 G17 X100 Y100 T20 D1 S3000 M3;确定工艺数值

N11 M6;

N30 CYCLE76 (10,0,2,-17.5,,60,40,15,80,60,10,11,900,800,0,1,80,50);循环调用

N40 M30;程序结束

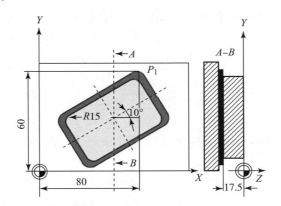

图 7-10　铣削方形凸台-CYCLE76

7.8.3.3　铣削圆形凸台

加工直径 $\phi 55\text{mm}$ 的圆形凸台毛坯,每次切削的最大进刀量为10mm。为之后的凸台侧面精加工设定精加工余量,在整个加工过程中使用逆铣,如图 7-11 所示。

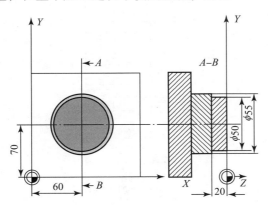

图 7-11　铣削圆形凸台-CYCLE77

N10 G90 G17 G0 S1800 M3 D1 T1;确定工艺数值

N11 M6;

N20 CYCLE77 (10,0,3,-20,,50,60,70,10,0.5,0,900,800,1,1,55);循环调用粗加工

N30 D1 T2 M6;换刀

N40 S2400 M3;确定工艺数值

N50 CYCLE77(10,0,3,-20,,50,0,70,10,0,0,800,800,1,2,55);循环调用精加工

N40 M30;程序结束

本章小结

数控编程有手工编程和自动编程两种方法。本章介绍了手工编程的 5 个基本步骤，并了解了手工编程的优缺点。接下来介绍了自动编程的定义及常用的自动编程软件功能代码，包括字符、字、字的功能和符号组。机床坐标系的确定方法由右手笛卡尔直角坐标系决定。另外，对常用的编程指令及其含义、编程方法都有详细介绍。

习　题

7-1　标准坐标系建立的原则是什么？标准坐标系怎样建立？如何确定坐标轴的正方向？

7-2　结合数控机床，怎样确定机床坐标轴？

7-3　什么是机床坐标系？什么是机床原点？什么是参考点？

7-4　什么是工件坐标系？工件坐标系的确定原则是什么？

7-5　什么是绝对坐标系和增量（相对）坐标系？

7-6　对图 7-12 所示零件，设计一个精车程序，各面精加工余量为 0.5mm。

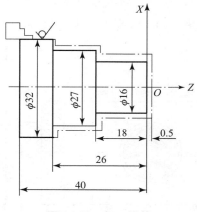

图 7-12　加工零件

7-7　平面选择指令 G17、G18、G19 各选择哪个坐标平面？该类指令一般用于什么场合？

7-8　精铣如图 7-13 所示内、外表面，刀具直径为 $\phi8mm$，采用刀具半径补偿指令编程。

7-9　精铣如图 7-14 所示圆弧槽，在 XY 平面中加工 3 个位于一个圆弧上的环形槽，圆弧圆心坐标为（X60，Y60），半径为 42mm。环形槽尺寸如下：宽度为 15mm，槽长的转角为 70°，深度为 23mm。起始角为 0°，增量角为 120°。在槽轮廓上预留 0.5mm 的精加工余量，进给轴 Z 上的安全距离为 2mm，最大进刀深度为 6mm。执行综合加工。精加工时使用相同的转速和进给，并进刀至槽深。

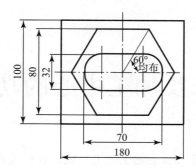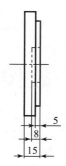

图 7 – 13　加工内、外表面

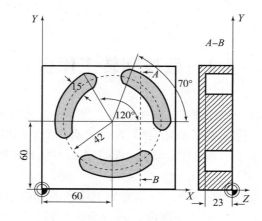

图 7 – 14　加工圆弧槽

第8章　数控机床及加工中心的功能部件

目前，数控机床及加工中心已成为机械制造的主要工具机，在朝着高速度、大功率、高精度的方向发展，它还能自动加工普通机床很难加工或无法加工的精密复杂零件。数控机床及加工中心还可配备回转工作台、分度工作台、排屑装置、冷却系统及润滑系统等功能部件。

8.1　数控回转工作台

数控机床及加工中心是一种高效率的加工设备，当零件被装夹在工作台上以后，为了尽可能完成较多的工艺内容，除了要求机床有沿 X、Y、Z 三个坐标轴的直线运动之外，还要求工作台在圆周方向有进给运动和分度运动，回转工作台可实现这些运动。数控回转工作台主要用于数控镗床和数控铣床。

数控回转工作台的主要功能有两个：一是实现工作台的进给分度运动，即在非切削时，装有工件的工作台在整个圆周（360°范围内）进行分度旋转；二是实现工作台圆周方向的进给运动，即在进行切削时，与 X、Y、Z 三个坐标轴进行联动，加工复杂的空间曲面。

图 8-1 所示为 JCS-013 型卧式数控镗铣床的数控回转工作台。该数控回转工作台由传动系统、间隙消除装置及蜗轮夹紧装置等组成。

当数控回转工作台接到数控系统的指令后，首先把蜗轮 10 松开，然后启动电液脉冲电动机 1，按指令脉冲来确定工作台的回转方向、回转速度及回转角度大小等参数。工作台的运动由电液脉冲电动机 1 驱动，经齿轮 2 和 4 带动蜗杆 9，通过蜗轮 10 使工作台回转。为了尽量消除传动间隙和反向间隙，齿轮 2 和 4 相啮合的侧隙是靠调整偏心环 3 来消除的，齿轮 4 与蜗杆 9 是靠楔形拉紧圆柱销 5（A—A 剖面）来连接的，这种连接方式能消除轴与套的配合间隙。为了消除蜗杆副的传动间隙，采用了双螺距渐厚蜗杆，通过移动蜗杆的轴向位置来调整间隙。这种蜗杆的左右两侧面具有不同的螺距，因此蜗杆齿厚从一端向另一端逐渐增厚。但由于同侧的螺距是相同的，所以仍然保持着正常的啮合。调整时先松开螺母 7 上的锁紧螺钉 8，使压块 6 与调整套 11 松开，同时将楔形拉紧圆柱销 5 松开。然后转动调整套 11，带动蜗杆 9 做轴向移动。根据设计要求，蜗杆有 10mm 的轴向移动调整量，这时蜗杆副的侧隙可调整 0.2mm。调整后锁紧调整套 11 和楔形拉紧圆柱销 5。蜗杆的左右两端都由双列滚针轴承支承。左端为自由端，可以伸长以消除温度变化的影响；右端装有双列推力轴承，能轴向定位。

当工作台静止时必须处于锁紧状态。工作台面用沿其圆周方向分布的 8 个夹紧液压缸进行夹紧。当工作台不回转时，夹紧液压缸 14 的上腔进压力油，使活塞 15 向下运动，通过钢

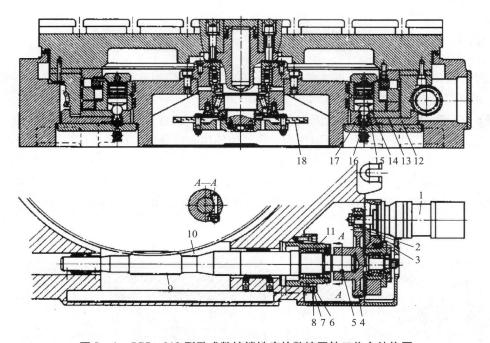

图 8 – 1　JCS – 013 型卧式数控镗铣床的数控回转工作台结构图

1—电液脉冲电动机；2，4—齿轮；3—偏心环；5—楔形拉紧圆柱销；6—压块；7—螺母；
8—锁紧螺钉；9—蜗杆；10—蜗轮；11—调整套；12，13—夹紧瓦；14—夹紧液压缸；
15—活塞；16—弹簧；17—钢球；18—光栅

球 17、夹紧瓦 13 及 12 将蜗轮 10 夹紧；当工作台需要回转时，数控系统发出指令，使夹紧液压缸 14 上腔的油流回油箱。在弹簧 16 的作用下，钢球 17 抬起，夹紧瓦 12 及 13 松开蜗轮 10，然后由电液脉冲电动机 1 通过传动装置，使蜗轮和回转工作台按照控制系统的指令做回转运动。

数控回转工作台设有零点，当它做返回零点运动时，首先由安装在蜗轮上的撞块碰撞限位开关，使工作台减速；再通过感应块和无触点开关，使工作台准确地停在零点位置上，

该数控回转工作台可做任意角度的回转和分度，由光栅 18 进行读数控制。光栅 18 在圆周上有 21 600 条刻线，通过 6 倍频电路，使刻度分辨能力为 $10''$，因此，工作台的分度精度可达 $\pm 10''$。

8.2　分度工作台

分度工作台只完成分度动作，且分度动作也只限于完成规定的角度（如 45°、60° 或 90° 等），即分度工作台可按照数控系统的指令，将工作台及其工件回转规定的角度，以改变工件相对于主轴的位置，完成工件各个表面的加工。

分度工作台按其定位机构的不同分为定位销式和端面齿盘式两类。

8.2.1　定位销式分度工作台

此种分度工作台的定位分度主要靠工作台的定位销和定位孔来实现，分度的角度取决于定位孔在圆周上分布的数量。

图 8 – 2 所示为定位销式分度工作台。分度工作台 1 嵌在长方工作台 10 之中。在不单独使用分度工作台时，两个工作台可以作为一个整体使用。在分度工作台 1 的底部均匀分布着 8 个圆柱定位销 7，在底座 21 上有一个定位孔衬套 6 及供定位销移动的环形槽。其中只有一个圆柱定位销 7 进入定位孔衬套 6 中，其他 7 个圆柱定位销则都在环形槽中。因为圆柱定位销之间的分布角度为 45°，故只能实现 45°、90°、180°、270°等分的分度。其分度的过程如下：

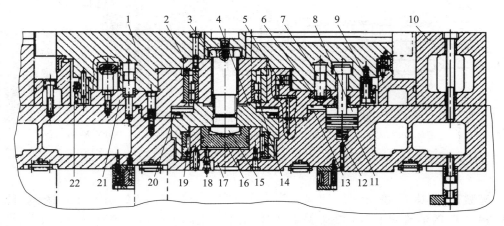

图 8 – 2　定位销式分度工作台结构

1—分度工作台；2—锥套；3—螺钉；4—支座；5—消隙液压缸；6—定位孔衬套；
7—圆柱定位销；8—锁紧液压缸；9—大齿轮；10—长方工作台；11—锁紧缸活塞；
12—弹簧；13—油槽；14，19，20—轴承；15—螺栓；16—活塞；17—中间液压缸；
18—油管；21—底座；22—挡块

第一步：松开锁紧机构并拔出定位销。

分度时机床的数控系统发出指令，由电气控制的液压缸使 6 个均布的锁紧液压缸 8（图 8 – 2 中只画出一个）中的压力油，经环形油槽 13 流回油箱，锁紧缸活塞 11 被弹簧 12 顶起，分度工作台 1 处于松开状态。同时消隙液压缸 5 也卸荷，液压缸中的压力油经回油路流回油箱。油管 18 中的压力油进入中间液压缸 17，使活塞 16 上升，并通过螺栓 15、支座 4 把推力轴承 20 向上抬起 15mm，顶在底座 21 上。分度工作台 1 用 4 个螺钉与锥套 2 相连，而锥套 2 用六角头螺钉 3 固定在支座 4 上，所以当支座 4 上移时，通过锥套 2 使分度工作台 1 抬高 15mm，固定在工作台面上的圆柱定位销 7 从定位孔衬套 6 中拔出。

第二步：工作台回转分度。

当工作台抬起之后发出信号，使液压电动机驱动减速齿轮（图 8 – 2 中未画出），带动固定在分度工作台 1 下面的大齿轮 9 转动，进行分度运动。分度工作台的回转速度由液压电动机和液压系统中的单向节流阀来调节，分度初做快速转动，在将要到达规定位置前减速，减速信号由固定在大齿轮 9 上的挡块 22（共 8 个周向均布）碰撞限位开关发出。挡块碰撞第一个限位开关时，发出信号使工作台降速，碰撞第二个限位开关时，分度工作台停止转动，此时圆柱定位销 7 正好对准定位孔衬套 6。

第三步：工作台下降并锁紧。

分度完毕后，数控系统发出信号使中间液压缸 17 卸荷，油液经油管 18 流回油箱，分度工作台 1 靠自重下降，圆柱定位销 7 插入定位孔衬套 6 中。定位完毕后消隙液压缸 5 通压力油，活塞顶向分度工作台 1，以消除径向间隙。经油槽 13 来的压力油进入锁紧液压缸 8 的上腔，推动锁紧缸活塞 11 下降，通过锁紧缸活塞 11 上的 T 形头将工作台锁紧。至此分度工作进行完毕。

分度工作台 1 的回转部分支承在加长型双列圆柱滚子轴承 14 和滚针轴承 19 上，轴承 14 的内孔带有 1∶12 的锥度，用来调整径向间隙。轴承内环固定在锥套 2 和支座 4 之间，并可带着滚柱在加长的外环内做 15mm 的轴向移动。轴承 19 装在支座 4 内，能随支座 4 做上升或下降移动并作为另一端的回转支承。支座 4 内还装有端面滚珠轴承 20，使分度工作台回转很平稳。

定位销式分度工作台的定位精度取决于定位销和定位孔的精度，最高可达 ±5″。定位销与定位孔衬套的制造和装配精度要求都很高，硬度的要求也很高，而且耐磨性要好。

8.2.2　端面齿盘式分度工作台

端面齿盘式分度工作台是目前用得较多的一种精密的分度定位机构，可与数控机床做成整体的，也可以作为机床的标准附件。端面齿盘式分度工作台是利用一对上下啮合的齿盘，通过上下齿盘的相对旋转来实现工作台的分度的。分度的角度范围依据齿盘的齿数而定，主要由工作台面、底座、夹紧液压缸、分度液压缸及端面齿盘等零件组成，如图 8 - 3 所示。

机床需要分度时，数控装置发出分度指令（也可用手压按钮进行手动分度），由电磁铁控制液压阀（图中未画出），使压力油至工作台 7 中央的夹紧液压缸下腔 10，推动活塞 6 上移（夹紧液压缸上腔 9 回油经管道排回），经推力轴承 5 使工作台 7 抬起，上端面齿盘 4 和下端面齿盘 3 脱离啮合。工作台上移的同时带动内齿圈 12 上移并与齿轮 11 啮合，完成了分度前的准备工作。

当工作台 7 向上抬起时，推杆 2 在弹簧作用下向上移动，使推杆 1 在弹簧的作用下右移，松开微动开关 D 的触头，控制电磁阀（图中未画出）使压力油经管道 21 进入分度液压缸左腔 19 内，推动齿条活塞 8 右移（分度液压缸右腔 18 的油经管道 20 及节流阀流回油箱），与它相啮合的齿轮 11 做逆时针转动。根据设计要求，当齿条活塞 8 移动 113mm 时，齿轮 11 回转 90°，因此时内齿圈 12 已与齿轮 11 相啮合，故分度工作台 7 也回转 90°。分度运动速度的快慢由管道 20 中的节流阀来控制。

齿轮 11 开始回转时，挡块 14 放开推杆 15，使微动开关 C 复位，当齿轮 11 转过 90°时，它上面的挡块 17 压推杆 16，使微动开关 E 被压下，控制电磁铁使夹紧液压缸上腔 9 通入压力油，活塞 6 下移（夹紧液压缸下腔 10 的油流回油箱），工作台 7 下降。端面齿盘 4 和 3 又重新啮合，并定位夹紧，这时分度运动已进行完毕。管道中有节流阀，用来限制工作台 7 的下降速度，避免产生冲击。

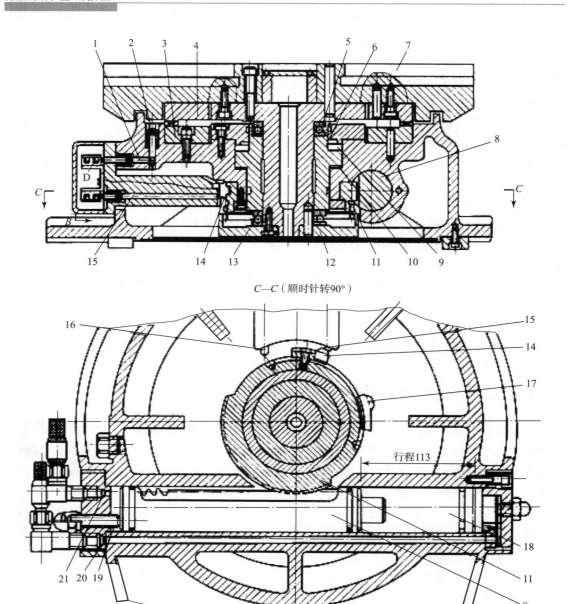

图 8-3　端面齿盘式分度工作台结构

1，2，15，16—推杆；3—下端面齿盘；4—上端面齿盘；5，13—推力轴承；6—活塞；
7—工作台；8—齿条活塞；9—夹紧液压缸；10—夹紧液压缸下腔；11—齿轮；12—内齿圈；
14，17—挡块；18—分度液压缸右腔；19—分度液压缸左腔；20，21—管道

　　当分度工作台下降时，推杆 2 被压下，推杆 1 左移，微动开关 D 的触头被压下，通过电磁铁控制液压阀，使压力油从管道 20 进入分度液压缸的右腔 18，推动齿条活塞 8 左移（分度液压缸左腔 19 的油经管道 21 流回油箱），使齿轮 11 顺时针回转。它上面的挡块 17 离开推杆 16，微动开关的触头被放松。因工作台面下降夹紧后齿轮 11 下部的轮齿已与内齿圈脱开，故分度工作台面不转动。当齿条活塞 8 向左移动 113mm 时，齿轮 11 就顺时针转 90°，齿轮 11 上的挡块 14 压下推杆 15，微动开关 C 的触头又被压紧，齿轮 11 停在原始置，为下

次分度做准备。

　　端面齿盘式分度工作台的优点是：分度和定心精度高，分度精度可达±（0.5~3）″。由于采用多齿重复定位，故可使重复定位精度稳定，而且定位刚性好，只要分度数能除尽端面齿盘齿数，都能分度，适用于多工位分度。可用于数控机床、多工位专用柔性加工单元（见图8-4和图8-5），及需要分析的各种加工和测量装置中。缺点是端面齿盘的制造比较困难，此外，它也不能进行任意角度的分度。

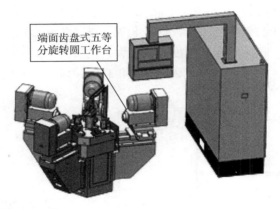

图8-4　五工位柔性加工单元

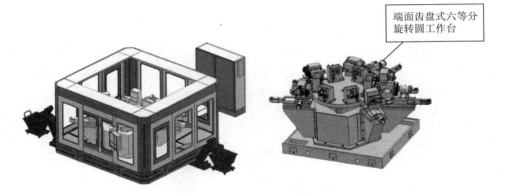

图8-5　六工位柔性加工单元

8.3　排屑装置

　　排屑装置能迅速、有效地排除数控机床及加工中心切削加工时产生的切屑。其主要作用是将切屑从加工区域排出数控机床及加工中心之外。在数控车床和磨床上的切屑中往往混合着切削液，排屑装置从中分离出切屑，并将它们送入切屑收集箱（车）内，而切削液则被回收到冷却液箱中。

　　排屑装置是一种具有独立功能的附件，它的工作可靠性和自动化程度随着数控机床技术的发展而不断提高。各主要工业国家都已研究开发了各种类型的排屑装置，并广泛地应用在各类数控机床及加工中心上。这些装置已逐步标准化和系统化，并由专业工厂生产。排屑装置的种类繁多，常见的有平板链式、刮板式、螺旋式和磁性排屑式。排屑装置的安装位置一般都尽可能靠近刀具切削区域。如车床的排屑装置装在回转工件下方，铣床和加工中心的排屑装置装在床身的回水槽上或工作台边侧位置，以利于简化机床或排屑装置结构，减小机床的占地面积，提高排屑效率。排出的切屑一般都落入切屑收集箱或小车中，有的则直接排入车间排屑系统。

图 8-6 所示为平面链式排屑装置，它是用滚动链轮牵引钢质平板链带在封闭箱中运转，加工中的切屑落到链带上后被带出机床。这种装置能排除各种形状的切屑，电动机有过载保护装置，运转平稳可靠。链板输送的速度范围较大，输送效率高，噪声小，适应性强，各类机床均可适用，在车床上使用时多与机床冷却液箱合为一体，以简化结构。

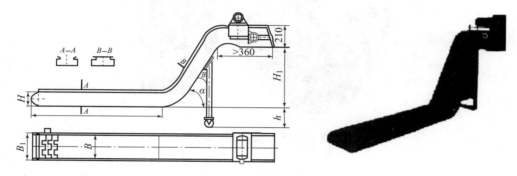

图 8-6 平面链式排屑装置

图 8-7 所示为刮板式排屑装置，其传动原理与平板链式的基本相同，只是链板不同，它带有刮板链板，不受切屑种类限制，对金属、非金属切屑均可适用；有过载保护装置，运转平稳可靠，运动机构为敞开式，保养维修方便，排屑能力较强，需采用较大功率的驱动电动机。

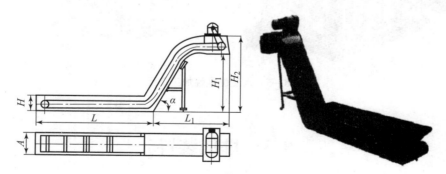

图 8-7 刮板式排屑装置

图 8-8 所示为螺旋式排屑装置，它主要用于机械加工过程中的金属、非金属材料所切削下来的颗粒状、粉状、块状及卷状切屑的输送，适用于数控车床、加工中心或其他机床安装空间比较狭窄的地方，与其他排屑装置联合使用可组成不同结构形状的排屑系统。它通过电动机及减速装置驱动安装在沟槽中的一个长螺旋杆。螺旋杆转动，沟槽中的切屑即随螺旋杆推动连续向前运动，最终排入切屑收集箱。螺旋杆有两种形式：一种是用扁形钢条卷成螺

旋弹簧状,另一种是在轴上焊上螺旋形钢板。螺旋式排屑装置结构简单,排屑性能良好,但只适用于沿水平或小角度倾斜直线方向排运切屑,不能大角度倾斜、提升或转向排屑。

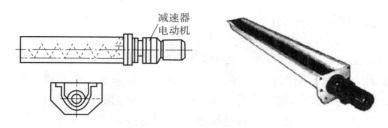

图 8-8　螺旋式排屑装置

还有一种是磁性排屑器,它利用永磁材料所产生的强磁场的磁力,将吸磁的颗粒状、粉末状和长度小于 150mm 的黑色金属切屑吸附在工作面板上,输送到切屑箱中。它可广泛应用于数控车床、组合机床、自动车床、齿轮车床、铣床、拉床、机铰机床、专用机床、自动线和流水线等的干式加工和湿式加工时的切屑处理。

8.4　冷却系统

数控铣床及加工中心的冷却系统按照其作用可分为机床的冷却及切削时对刀具和工件的冷却两部分。

8.4.1　机床冷却和温度控制

数控铣床及加工中心属于高精度、高效率、高成本投入的机床,所以在工厂中为了尽早地收回成本,充分发挥其作用,一般要求采取 24h 不停机连续工作制,为了保证长时间工作机床加工精度的一致性、电气及控制系统的工作稳定性和机床的使用寿命,数控铣床及加工中心对环境温度和各部分的发热、冷却及温度控制均有相应的要求。

环境温度对数控铣床和加工中心加工精度及工作稳定性有不可忽视的影响,一般数控铣床及加工中心对工作环境温度的要求为 0℃ ~ 45℃ ,环境温度变化不大于 1.1℃/min。

电控系统是整台机床的控制核心,其工作时的可靠性和稳定性对数控铣床和加工中心的正常工作起着决定性作用,并且电控系统中间的绝大部分元器件在通电工作时均会产生热量,如果没有充分适当的散热,容易造成整个系统的温度过高,影响其可靠性、稳定性及元器件的寿命。电控系统一般采用在发热量大的元器件上加装散热片与采用风扇强制循环通风的方式进行热量的扩散,降低整个电控系统的温度。但该方式具有灰尘易进入控制箱、温度控制稳定性差、湿空气易进入的缺点。所以,在一些较高档的数控铣床和加工中心上采用专门的电控箱冷气机进行电控系统的温、湿度调节。

在数控铣床及加工中心的机械本体部分,主轴部件及传动机构为最主要的受热源。对主轴轴承和传动齿轮等零件,特别是中等以上预紧的主轴轴承,如果工作时温度过高,则很容易产生润滑油黏度降低、轴承胶合磨损破坏等后果，所以数控铣床和加工中心的主轴部件及传动装置通常设有工作温度控制装置。

8.4.2　工件切削冷却

数控铣床及加工中心在进行高速大功率切削时会伴随大量的切削热产生，使刀具、工件和机床的温度上升，进而影响刀具的寿命、工件加工质量和机床的精度。所以，在数控铣床及加工中心中，良好的工件切削冷却具有重要的意义，切削液不仅具有对刀具、工件、机床的冷却作用，还起到在刀具与工件之间的润滑、排屑清理和防锈等作用。

机床在加工工件的过程中可以用装在主轴上的冷却管直接向刀具和工件喷射切削液，若加工要求不允许使用切削液，则可采用压缩空气冷却刀具和工件。为了充分提高冷却效果，在一些数控铣床和加工中心上还采用了主轴中央通水及使用内冷却刀具的方式进行主轴和刀具的冷却。这种方式在提高刀具寿命、发挥数控铣床良好的切削性能、切屑的顺利排出等方面具有较好的作用，特别是在加工深孔时效果尤为突出，所以目前应用越来越广泛。

8.5　润滑系统

8.5.1　润滑系统的作用

在数控铣床及加工中心中，润滑主要有减小摩擦、减小磨损、降低温度、防止锈蚀和形成密封等作用。

8.5.2　润滑系统的类型和应用

数控铣床及加工中心中的润滑系统按照其工作方法一般分为分散润滑和集中润滑两种。分散润滑是指在数控铣床的各个润滑点用独立、分散的润滑装置进行润滑；集中润滑是指利用一个统一的润滑系统对多个润滑点进行润滑。

按照润滑介质的不同，机床上的润滑又可以分为油润滑和脂润滑两种，其中油润滑又分为滴油润滑、油浴润滑（包括溅油润滑和油池润滑）、油雾润滑、循环油润滑及油气润滑等。

数控铣床及加工中心良好的润滑对提高各相对运动件的寿命、保持良好的动态性能和运动精度等具有重要的意义。在数控铣床及加工中心的运动部件中，既有高速的相对运动，也有低速的相对运动，既有重载的部位，也有轻载的部位，所以在数控铣床和加工中心中通常采用分散润滑与集中润滑、油润滑与脂润滑相结合的综合润滑方式对数控铣床和加工中心各个需要润滑的部位进行润滑。数控铣床中的润滑系统主要包括主轴传动部分、轴承、丝杠和导轨等部件的润滑。

在数控铣床及加工中心的主轴传动部分中，齿轮和主轴轴承等零件由于转速较高、负载较大，温升剧烈，所以一般采用润滑油强制循环的方式，并在对这些零件进行润滑的同时完成对主轴系统的冷却。这些润滑和冷却兼具的系统对油的过滤要求较为严格，否则容易影响齿轮、轴承等零件的使用寿命，一般在此系统中采用沉淀、过滤、磁性精过滤等手段保持油的洁净，并要求经过规定的时间后进行油的清理更换。

　　轴承、丝杠和导轨是决定数控铣床各个坐标轴运动精度的主要部件。为了维持它们的运动精度并减小摩擦及磨损，必须采用适当的润滑，具体采用何种润滑方式取决于数控铣床的工作状况及结构要求。对负载不大、极限转速或移动速度不高的数控铣床一般采用脂润滑，采用脂润滑可以减少设置专门的润滑系统，避免润滑油的泄漏污染和废油的处理，而且脂润滑具有一定的密封作用，以降低外部灰尘、水汽等对轴承、丝杠和导轨副的影响。对一些负载较大、极限转速或移动速度较高的数控铣床及加工中心一般采用油润滑，采用油润滑既能起到对相对运动件之间的润滑作用，又可以起到一定的冷却作用。在数控铣床的轴承、丝杠和导轨部位，无论是采用油润滑还是脂润滑，都必须保持润滑介质的洁净无污染，即按照相应润滑介质要求和工况定期地清理润滑元件，更换或补充润滑介质。

本章小结

　　本章主要介绍了数控机床及加工中心的功能部件：回转工作台、分度工作台、冷却系统和润滑系统，并详细学习了它们的工作原理、组成、功能和应用。

习　　题

8-1　数控回转工作台的功用是什么？试述其工作原理。

8-2　分度工作台的功用是什么？试述其工作原理。

8-3　常见排屑装置有几种？各应用于何种场合？

8-4　简述冷却系统的组成及原理。

8-5　简述润滑系统的作用及分类。

第9章　数控机床及加工中心的精度评定

机床的精度主要包括机床的几何精度、定位精度和工作精度。精度是数控机床及加工中心的重要技术指标之一。本章主要介绍数控机床及加工中心的精度检测项目和评定方法。

9.1　数控机床及加工中心精度的基本概念

数控机床及加工中心不仅应能实现自动控制刀具和工件的相对切削运动，进行高效率的自动加工，同时还应满足工件规定的加工精度。

工件的加工精度是指加工后的几何参数（尺寸、形状和表面相互位置）与理想几何参数符合的程度。精度的高低用误差的大小来表达。误差是指实际值与理想值之间的差值，误差越小，则精度越高。工件的加工精度用尺寸精度、形状精度和位置精度三项指标来衡量。

在机械加工中，工件和刀具直接或通过夹具安装在机床上，工件的加工精度主要取决于工件和刀具在切削成形运动过程中相互位置的正确程度。通常把由机床、夹具、刀具和工件构成的系统称为工艺系统。工艺系统中的种种因素均会不同程度地影响工件的加工精度，其中，机床通常是主要的因素之一。此外，还有许多非机床因素，如：夹具、刀具和工件毛坯本身的误差；工件在夹具中的安装误差；切削过程中的受力变形、热变形以及刀具的磨损等。

机床精度是机床性能的一项重要评价指标，它对工件的加工精度常起到决定性的作用。因此，了解数控机床及加工中心精度的评定检测内容、要求和方法尤其重要。

9.2　数控机床及加工中心精度的主要检测项目

数控机床及加工中心的精度主要从几何精度、定位精度以及工作精度等方面进行评价。

9.2.1　几何精度

机床的几何精度是指机床的主要运动部件及其运动轨迹的形状精度和相对位置精度。它对工件的加工精度有直接影响，因而是衡量机床质量的基本指标。几何精度通常在运动部件不动或低速运动的条件下检查，其中主要包括：.

（1）导轨的直线度：导轨是机床主要运动部件（如刀架、工作台等）的运动基准。导轨不直会使刀具（工件）的运动轨迹不是一条直线，加工出来的工件表面就会产生形状误差。例如：车外圆时，由于刀架导轨的直线度误差会使工件的加工表面产生圆柱度误差。

（2）导轨或主要运动部件运动基准间的相对位置精度：该项精度会影响工件加工面间的位置精度。例如：对铣床工作台的纵向和横向运动导轨提出了垂直度的要求。如果垂直度不好，将会使铣出的加工面间互不垂直，即产生位置误差。

（3）主轴的回转精度：主轴是工件（车床类机床）或刀具（镗床类机床）的位置和运动基准。主轴存在回转误差，如轴心线有径向跳动，工件的加工面就会产生形状误差，例如车外圆时产生了圆度误差。

数控机床的几何精度检测很重要，具体可参照或按以下这些标准中的要求执行：

（1）GB/T 17421.1—2000《机床检验通则》第 1 部分：在无负荷或精加工条件下机床的几何精度。

（2）GB/T 1840《加工中心检验条件》第 1 部分：卧式和带附加主轴头的机床几何精度检验（水平 Z 轴）；第 2 部分：立式或带垂直主回转轴的万能主轴头机床几何精度检验（垂直 Z 轴）；第 3 部分：带水平回转轴的整体万能主轴头机床几何精度检验（垂直 Z 轴）。

（3）GB/T 16462《数控车床和车削中心检验条件》第 1 部分：卧式机床几何精度检验；第 2 部分：立式机床几何精度检验；第 3 部分：倒置立式机床几何精度检验。

（4）GB/T 2095M《数控床身铣床检验条件精度检验》第 1 部分：卧式铣床；第 2 部分：立式铣床。

（5）GB/T 21948《数控升降台铣床检验条件精度检验》第 1 部分：卧式铣床；第 2 部分：立式铣床。

（6）GB/T 21949《数控万能工具铣床》第 1 部分：精度检验。

9.2.2　定位精度

机床的定位精度是指其主要运动部件沿某一坐标轴方向，向预定的目标位置运动时所达到的位置精度。对于数控机床，定位精度的检测反映了机床数控系统、测量系统、进给传动系统、伺服系统以及机床的构件等性能的综合影响，因而是最具有该类机床特征的一项指标，它对加工精度的影响很大。

9.2.3　工作精度

机床的工作精度是机床在实际切削加工条件下的一项综合考核指标。机床的几何精度、定位精度都是在不切削的状态下进行检测的；在实际切削状态下，还会受到切削力等负载的作用以及受运动速度变化的影响等，使机床的精度对加工精度的影响复杂化。因此，只检查以上各项指标是不够的，还必须通过加工一批规定的试件，检查其加工精度来考核。它是机床几何精度、定位精度以及机床其他性能（如刚度、运动均匀性等）的综合反映。

对于数控机床及加工中心，工作精度性能试验尤为必要。通过试验可以综合评价数控机床及加工中心各坐标轴的伺服跟随特性和数控系统插补功能等，以综合地判断数控机床及加工中心所能达到的精度水平。

9.3 数控机床及加工中心的定位精度

9.3.1 定位精度的基本概念

数控机床及加工中心的定位精度是指机床的移动部件，如工作台、刀架等在调整或加工过程中，根据指令信号，由进给传动系统驱动，沿某一数控坐标轴的方向向目标位置移动一段距离时，实际位置与目标位置的接近程度。定位精度的高低用定位误差的大小来衡量。按国家标准规定，对数控机床定位精度采用统计检验方法确定。

9.3.1.1 定位误差的统计检验方法

对于某一目标位置，当按给定指令使移动部件移动时，其实际到达位置与目标位置之间总会存在误差，多次向该位置定位时，误差值不可能完全一致，而总会有一定的分散。定位误差按其出现的规律可分为两大类：

（1）系统性误差：误差的大小和方向或是保持不变，或是按一定的规律变化。前者称为常值系统性误差，后者称为变值系统性误差。

（2）随机性误差：误差的大小和方向是不规律地变化的。

实际上两类性质的误差是同时存在的，引起这两类误差的原因不同，解决的途径也不一样。为了评价和改善定位精度，首先必须区分定位误差中的两类不同性质的误差。

随机误差表面上看起来虽然没有什么规律，但是应用数理统计方法还是可以找出其分布的总体规律的。定位（测量）次数越多（>100 次），则规律性越明显。生产实践表明，定位误差的分布符合正态分布的统计规律，其分布曲线近似于一条正态分布曲线，如图 9 - 1 所示。

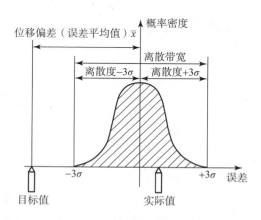

图 9 - 1 定位误差的分布曲线

正态分布曲线具有下列特点：

①曲线呈钟形，且呈对称性。误差值在 $\bar{x}$ 附近出现的概率占大部分，而远离 $\bar{x}$ 的概率极

小，且大于和小于 $\bar{x}$ 的概率相等。

②误差的平均值（即平均位置偏差）$\bar{x}$ 是曲线的一项主要参数，它决定了分散范围的中心偏离目标值的程度。因此，该值表明了定位误差中系统性误差的大小，按下式计算：

$$\bar{x} = \sum_{i=1}^{n} \frac{x_i}{n}$$

式中，x_i——每一次定位时实测的误差数值（$i = 1, 2, \cdots, n$）；

$\qquad n$——重复定位（测量）次数。

③均方根误差是正态分布曲线的另一项主要参数，按下式计算：

$$\sigma = \sqrt{\frac{1}{n} \sum_{i=1}^{n} (x_i - \bar{x})^2}$$

σ 的大小决定了曲线的形状和分散范围的大小。σ 越大，曲线越平坦，误差分散范围越大，即精度越低；σ 越小，曲线越陡峭，误差分散范围越小，即精度越高。

④分散范围（即离散带宽）反映了定位误差中的随机性误差部分。由于误差在 $x \pm 3\sigma$ 以外出现的概率只占 0.27%，可以忽略不计，故将分散范围取为 6σ，6σ 表明了随机误差的最大可能误差。

9.3.1.2　定位精度的确定

定位精度主要用以下三项指标表示：

（1）定位精度：某点的定位误差为该点的平均位置偏差与该点误差分散范围之半的和，即定位误差 A 为

$$A = \bar{x} \pm 3\sigma \quad （取绝对值最大一个）$$

（2）重复定位精度：误差的分散范围表示了移动部件在该点定位时的重复定位精度，即重复定位误差 R 为

$$R = 6S$$

（3）反向差值：当移动部件从正、反两个方向多次重复趋近某一点定位时，正、反两个方向的平均位置偏差是不相同的。图 9－2 所示为双向趋近某一点定位时的误差分布曲线。从正、反向趋近定位点时，平均位置偏差分别为 $\bar{x}\uparrow$ 和 $\bar{x}\downarrow$，其差值称为反向差值，即：

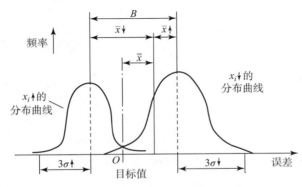

图 9－2　双向趋近时的误差分布曲线

$$B = \bar{x}\uparrow - \bar{x}\downarrow$$

同时，从正、反向趋近定位点时，误差的分散范围也会不同。因此，从不同方向向某点定位时，其定位精度和重复定位精度也会有所不同。在图 9 – 2 中，$\bar{x}$ 为 $\bar{x}\uparrow$ 和 $\bar{x}\downarrow$ 的平均值。

9.3.1.3 实际检测中定位精度的计算

实际检测中因测量次数较少，一般测量次数 $n < 10$，此时应采用下式计算标准偏差值 S 来代替 σ：

$$S = \sqrt{\frac{1}{n-1}\sum_{i=1}^{n}(x_i - \bar{x})^2}$$

因此，定位精度 A 及重复定位精度 R 应按以下公式计算：

$$A = \bar{x} \pm 3S\ （取绝对值较大的一个）$$

$$R = 6S$$

当移动部件从正、反两个方向趋近某一点定位时，根据测量得到的误差值可以分别计算得到正向定位时的 $\bar{x}\uparrow$、$S\uparrow$ 值以及反向时的 $\bar{x}\downarrow$、$S\downarrow$ 值，从而得到正向的定位精度 $A\uparrow$、$R\uparrow$ 和反向的 $A\downarrow$、$R\downarrow$ 以及反向差值 B。

9.3.2 定位精度的检测

数控机床及加工中心的定位精度一般采用刻线基准尺和读数显微镜、激光干涉仪、光栅、感应同步器等测量工具进行检测。

利用刻线基准尺和读数显微镜的测量原理如图 9 – 3（a）所示。刻度尺安装在被检验的工作台上，并与其位移方向平行。显微镜安装在机床的静止部位上，用来观察刻度尺的刻度。

较高精度的数控机床及加工中心常用双频激光干涉仪测量定位精度，其测量原理如图 9 – 3（b）所示。支架上的激光干涉仪安装在机床的静止部位，其光线平行于被检测的工作台的位移方向。在工作台上固定着反射镜。被检测的工作台移动一个规定的距离，由激光干涉仪的指示仪表示出工作台移动的实际距离。

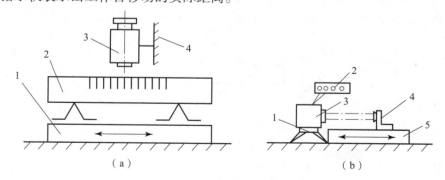

（a）　　　　　　　　　　　　　　（b）

图 9 – 3　定位精度的测量原理图

（a）利用刻线基准尺和读数显微镜的测量原理；

1—工作台；2—刻度尺；3—显微镜；4—指示仪

（b）双频激光干涉仪的测量原理

1—支架；2—指示仪；3—激光干涉仪；4—反射镜；5—工作台

在进行统计检验时，为了得到某一点的定位精度，需要对该点重复定位若干次进行测量。为了得到一个坐标轴的定位精度，必须随机测量坐标轴上的若干点，各坐标轴还要从正、反两个方向移动来测量和判断其定位精度。例如：沿 X 轴从两个方向各测定某一点 7 次，全轴上共测 15 个点，则共需测得 210 个读数方能评定一个坐标轴的定位精度。

为了提高测量效率，保证测量精度，近年来采用了激光干涉仪测量与显示系统，能够自动地显示、处理数据和自动进行记录。图 9 - 4 所示为激光干涉仪测量系统的原理图。该系统可以连续对一个坐标轴进行自动测量，并可自动补偿环境温度、气压变化等的影响，最后由计算机将所有测量数据进行统计处理，绘出误差曲线。

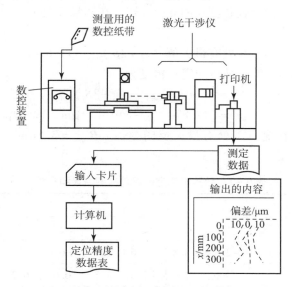

图 9 - 4 激光干涉仪测量系统原理

9.3.3 定位精度的评定

按国家标准 GB/T 17421.2—2016《机床检验通则 第 2 部分：数控轴线的定位精度和重复定位精度的确定》的规定，数控坐标轴定位精度的评定项目有以下三项：

（1）轴线的重复定位精度 R；

（2）轴线的定位精度 A；

（3）轴线的反向差值 B。

检测时，在各坐标轴上选择若干测点，在每个测点位置上，使移动部件按正、反两个方向移动趋近，测定定位误差。对各项目的评定方法如下。

（1）轴线的重复定位精度 R。

各测点的重复定位精度为

$$R_j\uparrow = 6S_j\uparrow, \quad R_j\downarrow = 6S_j\downarrow$$

式中，j——坐标轴上各测点的位置序号，$j = 1, 2, \cdots, m$。

轴线重复定位精度为各测点重复定位精度 $R_j\uparrow$ 和 $R_j\downarrow$ 中的最大值，即：

$$R = (R_j)_{\max}$$

(2) 轴线的定位精度 A。

轴线的定位精度为双向趋近各测点时，$(\bar{x}_j\uparrow + 3S_j\uparrow)$、$(\bar{x}_j\downarrow + 3S_j\downarrow)$ 中的最大值与 $(\bar{x}_j\uparrow - 3S_j\uparrow)$、$(\bar{x}_j\downarrow - 3S_j\downarrow)$ 中最小值之差（见图 9-5），即：

$$B = |B_j|_{\max}$$

例如，检测某数控机床的某一坐标轴时，全轴长度上选定了 5 个测点，移动部件从正、反两个方向趋近每个测点，各测量 5 次，检测结果和分析见表 9-1 和表 9-2。根据实测误差值进行计算，可得各测点处的定位误差、重复定位误差和反向差值。该坐标轴的定位精度评定结果如下。

轴线的重复定位精度：比较各测点的 $6S_j$ 可知，在测点 2 处 $6S_j$ 最大，故轴线的重复定位精度 $R = (6S_j)_{\max} = 7.446\mu m$。

轴线的定位精度：在测点 5 处有最大值 $(\bar{x}_j + 3S_j)_{\max} = 11.874\mu m$，在测点 2 处有最小值 $(\bar{x}_j - 3S_j)_{\min} = -8.014\mu m$，所以轴线的定位精度为

$$A = (\bar{x}_j + 3S_j)_{\max} - (\bar{x}_j + 3S_j)_{\min}$$
$$= [11.874 - (-8.014)]\mu m = 19.89\mu m$$

轴线的反向差值：在测点 1 处有最大反向差值，$B_{j\max} = 3.5\mu m$，所以轴线的反向差值 $B = 3.5\mu m$。

表 9-1 数控机床定位误差检测结果和分析 μm

目标位置序号 j		1		2		3		4		5	
趋近方向		↑	↓	↑	↓	↑	↓	↑	↓	↑	↓
实测误差值 $\bar{x}_j$	1	-1.5	-3.8	-3.8	-5.6	2.3	-0.4	4.8	4.8	9.5	6.5
	2	-0.6	-4.6	-1.6	-3.6	3.5	0.6	6.2	4.6	10.4	7.5
	3	-0.2	-3.5	-0.9	-5.5	2.6	1.4	7.3	5.7	10.9	7.3
	4	0.3	-4.3	-2.4	-3.6	2.4	1.2	7.1	5.7	9.7	7.9
	5	-0.8	-4.1	-0.8	-5.6	2.7	1.0	7.5	6.9	9.5	6.6

表 9-2 数控机床定位误差检测结果和分析 μm

目标位置序号 j	1		2		3		4		5	
趋近方向	↑	↓	↑	↓	↑	↓	↑	↓	↑	↓
位置偏差 $\bar{x}_j$	-0.56	-4.06	-1.90	-4.78	2.70	0.76	6.58	5.54	10.00	7.16
位置偏差 S_j	0.673	0.428	1.241	1.078	0.474	0.713	1.112	0.913	0.624	0.598
$3S_j$	2.019	1.283	3.723	3.234	1.423	2.138	3.336	2.738	1.874	1.795
$6S_j$	4.038	2.567	7.446	6.468	2.846	4.276	6.672	5.476	3.747	3.590
$\bar{x}_j + 3S_j$	1.459	-2.777	1.823	-1.546	4.123	2.898	9.916	8.278	11.874	8.955
$\bar{x}_j - 3S_j$	-2.579	-5.343	-5.623	-8.014	1.277	-1.378	3.244	2.802	8.127	5.365
反向差值 B_j	3.5		2.88		1.94		1.04		2.84	
$\bar{\bar{x}}_j = \frac{1}{2}(\bar{x}_j\uparrow + \bar{x}_j\downarrow)$	-2.31		-3.34		1.73		6.06		8.58	

表 9 – 2 与图 9 – 5 中的 $\bar{\bar{x}}_j$ 为正、反方向平均位置偏差的平均值，即：

$$\bar{\bar{x}}_j = \frac{1}{2}\ (\bar{x}_j\uparrow + \bar{x}_j\downarrow)$$

表 9 – 1 中 j 为在每个检测部位的检测次数。

根据检测结果绘制成图 9 – 5。

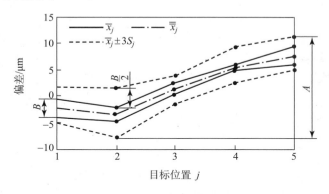

图 9 – 5　机床定位精度检测图形表达

9.4　数控机床及加工中心的工作精度

9.4.1　数控机床及加工中心的工作精度试验

工作精度试验应能综合地反映出机床在实际切削加工条件下所能达到的精度水平。一般应根据机床的工艺可能性和加工尺寸范围，确定若干种结构的典型试件及其对待加工表面进行加工切削，然后测定加工完的试件精度来考察机床的工作精度。由于加工精度除了受机床的因素影响外，还受到许多非机床因素的影响。例如：毛坯余量的变化、切削用量的大小、刀具的磨损程度以及热变形的影响等。为了使试验结果尽量反映机床本身的精度水平，规定了一定的试验条件，以排除非机床因素的影响。通常规定用经过精加工的铸铁试件，刀具应有足够的耐用度（应大大超过切削时间的总和），机床应在空运转 60min 后进行试验，以减少机床热变形的影响。此外，还规定了一定的切削深度。

9.4.1.1　主要检测项目

现以加工中心为例，介绍其工作精度的主要检测项目。

（1）镗孔孔距精度：沿 x、y 坐标方向依次定位精镗四孔［图 9 – 6（a）］。检验 x、y 坐标方向的孔距及对角线方向的孔距。

（2）斜线铣削精度：用 x、y 两坐标进行直线插补，对方形试件的四周表面进行铣削［见图 9 – 6（b）］。安装试件时，使其一个加工面与 x 轴成 30°角。

检测项目有：

①四面的直线度；

②相对面间的平行度；

③相邻两面间的垂直度。

（3）铣圆精度：用 x、y 两坐标进行圆弧插补，对试件的圆周面进行精铣。检验试件外圆的圆度［见图9-6（c）］。

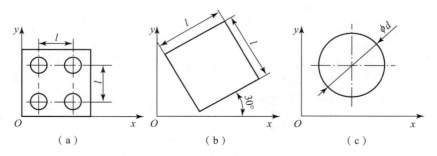

图9-6 加工中心工作精度检测项目

（a）镗孔；（b）铣斜线；（c）铣圆

9.4.1.2 各检测项目与机床精度的关系

在9.4.1.1中，第（1）项镗孔孔距精度试验属于点位控制加工。试件的孔距精度主要反映了 x、y 两坐标轴的定位精度。

图9-7表示在两孔中心位置 A、B 两点处机床定位精度对试件孔距精度的影响。孔距 AB 尺寸为 L，由于定位误差的影响，将使孔距尺寸在 L_{max} 至 L_{min} 之间变动，其平均值为 L。当机床反向移动时，孔距精度还会受到反向间隙的影响。

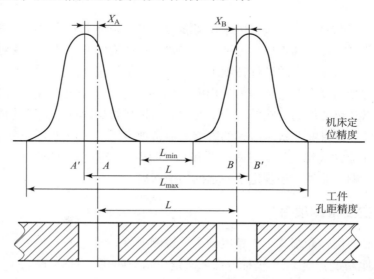

图9-7 定位精度对试件孔距精度的影响

在9.4.1.1中，第（2）、（3）项铣斜线和铣圆精度试验属于连续控制加工，试件的轮廓形状精度，除了受机床的定位精度影响外，还受机床进给伺服系统的跟随特性的影响。

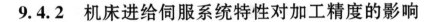

9.4.2　机床进给伺服系统特性对加工精度的影响

在进行连续切削加工的死循环控制系统中，为了保证轮廓形状精度，除了要求机床有较高的定位精度外，还要求系统具有良好的动态响应特性，能稳定而灵敏地跟随指令信号，即要求系统具有高的轮廓跟随精度。

轮廓跟随精度与伺服驱动系统的稳态、动态特性有关。在轮廓加工过程中，各坐标轴常要求随加工形状的不同而瞬时启停或改变速度。控制系统应同时精确地控制各坐标轴运动的位置和速度。系统的稳态与动态特性会影响坐标轴的协调运动和位置的精确性，产生轮廓的形状误差。以下仅讨论系统的稳态特性对轮廓误差的影响。

9.4.2.1　跟随误差

数控机床及加工中心的伺服进给系统可简化为一阶系统来讨论。当恒速输入时，稳态情况下系统的运动速度与速度指令值相同，但是两者的瞬时位置有一恒定的滞后。例如在图 9-8 中，曲线 1 为某一坐标轴的位置命令输入曲线，曲线 2 为实际运动的位置时间曲线。在 $t = t_a$ 时刻以后，系统进入稳态。

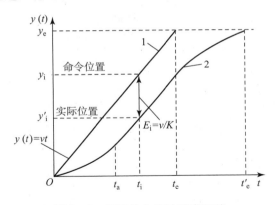

图 9-8　恒速输入下的稳态误差

实际位置总是滞后于命令位置一个差值，E 称为跟随误差。例如在 t_i 时刻，指令位置在 y_i 点，此时实际位置在 y'_i 点，跟随误差 $E_i = y_i - y'_i$。在 t_e 时刻，插补完成，再没有新的位置命令发出，此时仍存在跟随误差 E，但坐标轴仍继续运动。直到 t'_e 时刻，实际位置到 y_e 位置，即跟随误差为零时才完全停止。跟随误差 E 可用下式表示：

$$E = v/K$$

式中，v——移动部件的运动速度；

K——系统开环增益。

K 越大，则跟随误差越小；但 K 过大会使系统稳定性变差。在一定的系统中，运动速度越大，则跟随误差越大。

习　题

9－1　数控机床的精度检测主要有哪些项目？为什么说定位精度与工作精度试验对数控机床及加工中心来说尤为重要？

9－2　数控机床定位精度的含义是什么？

9－3　当采用统计分析法确定定位误差时，其两项主要参数 x 和 σ 的含义分别是什么？它们分别反映了哪种性质的误差？

9－4　已知某一坐标轴上若干个目标点的定位精度后，如何评定该坐标轴的定位精度？

9－5　数控机床为什么要进行工作精度试验？试验中如何排除非机床因素？

9－6　加工中心的工作精度主要检测哪些项目？

9－7　怎样才能减少跟随误差对轮廓加工精度的影响？

参 考 文 献

[1] 沈建峰，虞俊. 高级数控车工 [M]. 北京：机械工业出版社，2006.

[2] 沈建峰，虞俊. 数控铣工加工中心操作工 [M]. 北京：机械工业出版社，2007.

[3] 林岩. 数控车工技能实训 [M]. 北京：化学工业出版社，2007.

[4] 余英良. 数控工艺与编程技术 [M]. 北京：化学工业出版社，2007.

[5] 张超英，罗学科. 机床数控技术 [M]. 北京：化学工业出版社，2003.

[6] 廖卫献. 数控铣床及加工中心自动编程 [M]. 北京：国防工业出版社，2002.

[7] 高枫，肖卫宁. 数控车削编程与操作训练 [M]. 北京：高等教育出版社，2005.

[8] 郑书华，张凤辰. 数控铣削编程与操作训练 [M]. 北京：高等教育出版社，2005.

[9] 李善术. 数控机床及应用 [M]. 北京：机械工业出版社，2004.

[10] 王志平. 数控机床及应用 [M]. 北京：高等教育出版社，2002.

[11] 刘战术，窦凯. 数控机床及其维护 [M]. 北京：人民邮电出版社，2005.

[12] 陈富安. 数控原理与系统 [M]. 北京：人民邮电出版社，2005.

[13] 顾京. 数控机床加工程序编制 [M]. 北京：机械工业出版社，2008.

[14] 严建红. 数控机床及其应用 [M]. 北京：机械工业出版社，2007.

[15] 王令其，张思弟. 数控加工技术 [M]. 北京：机械工业出版社，2006.

[16] 徐宏海，谢富春. 数控铣床 [M]. 北京：化学工业出版社，2007.

[17] 王钢. 数控机床调试、使用与维护 [M]. 北京：化学工业出版社，2006.

[18] 苏宏志. 数控原理与系统 [M]. 西安：西安电子科技大学出版社，2006.

[19] 秦启书. 数控编程与操作 [M]. 西安：西安电子科技大学出版社，2008.

[20] 赵辉耀. 数控加工技术与项目实训 [M]. 北京：机械工业出版社，2008.